KB066473

명문대 학생들이
어릴 때부터
집에서 해온 것

초등 교육전문가가 명문대생 학부모와
심층 인터뷰로 밝혀낸
6가지 차이점

명문대 학생들이 어릴 때부터 집에서 해온 것

김혜경 지음

The Childhood of Prestigious University Students

센시오

프롤로그

명문대생들은 어릴 때
집에서 무얼 하며 지냈을까?

코로나19 이후, 본의 아니게 아이들과 집에서 보내는 시간이 많아진 요즘이다. 재택근무를 하면서 원격수업(실시간 쌍방향 수업)을 하는 아들 둘의 끼니와 간식을 챙기다 보면 어느새 하루가 지나버린다. 분명 아이들은 종일 집에 있었고, 옆에서 할 일을 챙겨주며 나름 신경 썼는데 어쩐지 허투루 보낸 것 같아 불안하다.

10여 년 이상 자녀교육 분야에 몸을 담고, 독서토론 선생님으로서 아이들을 직접 가르치는 나의 입장에서도 그러할진대, 다른 부모들은 오죽할까 싶은 생각이 들었다. 똑같이 1년을 보냈어도 아이들은 각자의 가정환경에 따라 저마다 다른 경험으로 시간을 채웠을 것이다. 학교에서 1년을 함께 보낼 때와는 다른 변화가 있지 않을까.

자연스럽게 명문대생들은 초등학생 때 집에서 어떻게 보냈는지가 궁금해졌다. 부모가 아이에게 해준 공통적인 무언가가 있을까? 내가 초등학생 때를 주목하는 것은 아이가 명문대에 갈 수 있도록 도와줄 수 있는 시기, 부모가 아이 인생에 가장 영향력을 미칠 수 있는 시기라고 생각하기 때문이다. '초등학생 자녀를 둔 부모'가 궁금해하는 부분과 '명문대생 자녀를 둔 선배 부모'가 아이를 어떻게 키웠는지에 대한 공통적인 부분을 조사해보면 교차점에서 답을 찾을 수 있다고 보았다.

이를 위해 자녀를 명문대에 보낸 부모나 입시전문가, 명문대 입학 관련 종사자가 쓴 책을 읽고 관련 영상을 수없이 찾아보았다. 또 상위 0.1% 성적을 받는 아이들과 명문대생들의 통계조사를 참고하였다. 1차로 정리한 내용을 바탕으로 심화 질문지를 만들어, 자녀를 명문대에 보낸 부모들과 명문대 학생들을 대상으로 직접 인터뷰와 설문조사를 진행하였다.

명문대생 자녀를 둔 부모들은 아이를 이렇게 키웠다

설문조사 전, 초등학생 자녀를 둔 부모들의 질문들도 받았다. "어떻게 해야 아이가 자기주도학습을 할까요?", "공부 안 하려는 아이는 기다려주어야 하나요?", "기다린다면 도대체 언제까지 기다려주어야 하나요?", "공부해야 하는 이유를 어떻게 설명해주어야 하나요?" 등 구체적이고 현실적인 질문 위주로 선정했다. 그 과정에서 초등학생 자녀를 둔 부모로서 그들의 간절함에 공감했고 어서 답을 찾고 싶은 마음이 들었다.

한편으로는 아이의 성향이나 환경이 다른데 과연 답을 찾을 수 있을까 싶었다. 그런데 자녀를 명문대에 보낸 선배 부모들, 명문대생들, 전문가들이 공통적으로 하는 말을 정리해보니 '어릴 때부터 이렇게 했더니 명문대에 갔다'라는 공통분모가 보이기 시작했다.

놀라운 점은 학생들의 아이큐가 엄청나게 뛰어났거나 특출한 재능을 가진 것이 아니었다는 것이다. 부모들이 대단한 재력을 가졌거나 교육열이 과한 것도 아니었다. 그저 집에서 아이들과 시간을 보낼 때 말 한마디를 다르게 하고, 학습관리를 할 때 방향을 잡아준 것뿐이었다. 게다가 모두 가정에서 부모와 초등학생 자녀가 일상생활에서 쉽게 따라 할 수 있는 요령이었다.

사실 자녀를 명문대에 보낸 부모와 명문대생이 중고등학교 때 어떻게 공부했는지를 주제로 쓴 학습법 책은 이미 포화 상태이다. 게다가 책에 나온 학습법은 누구나 따라 할 수 있는 게 아니다. 탄탄하고 올바른 초등학생 시절이 밑바탕이 되어 있어야 하기 때문이다. 명문대생들에게는 초등학생 때 길렀던 자기 자신에 대한 믿음, 흔들리지 않는 내면이 있었다. 이런 내면은 집에서 어릴 때 부모와 함께 보내는 시간 속에서 길러졌다.

중고등학교 때 입시를 향해 달리려면 초등학교 때 소위 '체력'을 갖추어놓아야 한다. 여기서 체력이란 자존감, 자립심, 성장 동기, 창의성, 사회성, 의사소통능력과 같은 역량이다.

자녀를 명문대에 보낸 부모는 형제와 싸우는 상황에서 갈등해결 방법을 가르쳤고, 실패 경험으로 성장 가능성을 찾게 했으며, 친구 관계에서 다름을 배우게 하고, 식사시간 부모와의 대화 속에서 의사소통능력을 길러주었다. 방 정리를 하게 하면서 자립심을 길러주었고, 자신의 공부습관을 스스로 질문하게 해서 메타인지력을 길러주었다.

의도하고 한 행동이든 모르고 한 행동이든 명문대생들은 역량이 길러지는 환경 속에서 자랐다. 그리고 자신의 미래를 원하는 대로 꾸려갈 힘을 갖출 수 있었다.

아이의 공부 역량은 초등 시기에 결정된다

결국 미래를 원하는 대로 꾸려갈 힘은 부모가 가정에서 길러주는 것이다. 부모의 생각, 말, 행동에 따라 아이 미래는 완전히 달라질 수 있다. 기관이나 병원에서 하는 아동상담은 부모상담과 함께 이루어진다. 유명 아동상담 TV프로그램을 봐도, 아이만의 문제라기보다는 부모와 연관된 문제가 많고, 해결 방법 또한 부모의 행동 변화인 경우가 많다. 아이의 정서 및 인지발달의 열쇠는 대부분 부모에게 있다.

요즘 자녀교육서 중에는 '자녀에게 하는 말에 따라 자녀의 인생이 달라진다'라는 내용의 책이 많다. 말 한마디만 바꾸었는데 아이의 행동이 달라진다는 것이다. 부모가 하는 말만 바꾸어도 명문대에 보낼 수 있다는 사람도 있다. 맞는 말이다. 초등학생 때는 부모의 말 한마디에 따라 자존감이 달라지고, 동기 동력이 달라지며, 창의력과 자기조절능력이 달라진다. 초등학생 시기는 유아기보다 자신을 객관적으로 바라볼 수 있고, 청소년기보다 변화 가능 정도가 커서 생활습관을 잡아주는 데 최적의 시기이다.

물론 명문대에 보내는 것이 목표가 되어서는 안 된다. 대학에 가지 않더라도 혹은 원하는 대학에 가지 못했더라도 행복한 삶, 성공한 삶을 사는 사례는 얼마든지 있다. 하지만 어릴 때부터 재능이 두각을 드러내 진로가 정해진 경우가 아니라면, 모든 가능성이 열려 있는 초등학생이라면 명문대에 가는 것이 하나의 방향이 될 수 있다.

그런 경우 명문대생 부모들의 자녀교육법은 훌륭한 길잡이가 될 것이다. 초등학생을 자녀로 둔 부모들의 질문은 곧 명문대생의 부모들이 자녀가 초등학생이었을 때 한 질문이었을 테니 말이다. 실제로 명문대생들이 어릴 때 실천했기 때문에 '집에서 어떻게 시간을 보내느냐에 따라 아이가 달라진다'라는 이 책의 메시지는 힘을 얻는다.

마지막으로 뜻깊은 기획으로 이 글을 쓸 수 있게 기회를 준 센시오 출판사와 초등학생들의 행복한 미래를 기원하며 설문조사와 인터뷰에 응해주신 많은 부모님과 학생들에게 진심으로 감사를 전한다.

부디 이 책이 초등학생 자녀를 둔 부모들의 가려운 곳을 긁어주었기를 바란다. 그럼 지금부터 집에서 아이들과 보내는 시간을 올바른 방향으로 조금씩 바꾸어나가보자. 그것이 아이들을 행복한 미래로 안내해주는 일일 테니 말이다.

◎ 차례

Chapter 3

아이가 세운 계획이 공부머리를 이긴다 _자립심

Chapter 4

엄마가 시켜서 하는 공부는 아무 쓸모없다 _성장 동기

Chapter 5

다른 관점에서 생각하게 한다 _창의성

Chapter 6

'나와 생각이 틀리다'가 아니라 '나와 생각이 다르다' _사회성

Chapter 7

아이의 소통능력은 부모와의 대화 속에서 자란다 _의사소통능력

Chapter 8

초등학생 자녀를 둔 부모가 묻고 자녀를 명문대에 보낸 부모가 답하다

Chapter 1

초등 시기를 놓치면 바뀌지 않는 것들이 있다

불과 몇 년 전만 해도 스마트폰을 사용하지 않는 초등학생이 많았다. 지금 대학 재학생 대부분은 초등학교 때 스마트폰을 사용하지 않았을 것이다. 현재 대학생 자녀를 둔 부모들은 지금 초등학생 자녀를 둔 부모들이 겪는 갈등을 겪지 않았다는 말이다.

하지만 중요한 것은 빠르게 변하는 디지털 매체 그 자체가 아니라 부모와 자녀 사이에 변하지 않는 '무엇'이다. 자녀를 명문대에 보낸 부모들은 자녀를 대할 때 어떤 점이 다를까? 시대가 바뀌어도 여전히 달라지지 않는 몇 가지는 무엇일까?

대학 입시를 초등학생 때부터 준비해야 하는 이유

부모가 자녀에게 미치는 영향력은 대학 입학을 기준으로 급격하게 줄어든다. 부모의 영향력은 초등학생 때까지는 매우 크지만, 중·고등학교를 지날수록 점점 줄어들며, 대학 입학 후에는 아이의 인생에 그다지 큰 영향을 끼치지 않는다. 아이가 대학 입학 전까지 부모가 '아이를 어떻게 이끌어줄 것인지' 진지하게 고민해야 할 이유이다.

어릴 때부터 대학을 목표로 아이를 교육시키라는 말이 아님을 분명히 하고 싶다. 대학이 인생의 목표여서는 안 된다. 다만 인생의 중요한 기회 중 하나일 수는 있다. 부모는 아이가 그 기회를 잡을 수 있도록 도와주어야 한다.

2020년 7월 대학교육연구소가 발표한 자료에 따르면 수도권 외 지역 소재 일반·전문대 등 지방대학 249개교 중 2024년 신입생 충원율 95%를 넘는 곳은 단 한 곳도 없을 것으로 예측됐다. 수년 전부터 예측된 '학령인구 감소'가 가장 큰 원인으로 꼽혔는데, 이는 다시 말해 고교 졸업생이면 누구나 대학에 들어갈 수 있는 날이 머지않았다는 것이다.

또한 아이들이 다니게 될 대학은 부모가 생각하는 대학의 모습이 아닐 것이다. 이미 온라인 원격수업이 자리 잡고 있으며 어쩌면 미래학자인 토머스 프레이의 말처럼 2030년이면 세계 대학의 절반이 사라질지도 모른다. 이렇게 미래가 달라지고 있다고 해서 '어느 대학을 가든지 상관없다', '대학에 안 가도 된다'라고 하는 부모는 별로 없을 것이다. 왜냐하면 대학에 안 가는 것이 아닌 이상 기왕이면 원하는 대학에 가서 좋아하는 공부를 하고, 자신이 하고 싶은 일을 하면서 살기를 바라기 때문이다.

어릴 때부터 특정 분야에서 두각을 나타낸다면 굳이 대학을 고집할 필요가 없을 수도 있다. 이미 좋아하는 분야가 확실해서 미래가 정해졌다면 대학만이 답은 아니다. 하지만 아직 어떤 길로 가야 할지 정해지지 않았다면 초등학생 시절에 공부하는 것은 기본적인 의무일 수밖에 없고, 명문대학교를 알려주는 것은 나아갈 방향을 제시해주는 것이라 할 수 있다.

아무리 아무나 대학에 갈 수 있는 시대가 온다고 해도, 어느 대학에 가느냐는 다른 문제이다. 학령인구가 감소하면 명문대에 가고 싶은 사람이 더욱 많아져서 명문대 경쟁률은 오히려 지금보다 높아질 거라고 예상하는 사람도 적지 않다. 그러므로 아이가 원하는 대학에 갈 수 있도록 부모는 이끌어주는 일을 소홀히 하면 안 될 일이다.

POINT

부모가 자녀에게 미치는 영향력은 대학 입학을 기준으로 급격하게 줄어든다. 그러므로 대학 입학 전까지 부모의 역할은 더더욱 중요하다.

당신의 교육철학은 무엇입니까?

다른 과목에 비해 수학을 유난히도 싫어하고 못했던 나는 아이들의 수학 공부에 집착하는 경향이 있다. 또 수학을 잘하려면 어떻게 해야 하는지 하나도 모르기 때문에 '카더라 통신'을 통해 학원 정보나 수학 공부법을 알게 되면 혹한다. 아이들이 혹여 나처럼 수학을 못할까 봐 전전긍긍한다.

반면 20여 년간 초등학생들과 독서토론 수업을 하고 글 쓰는 일을 해온 경험이 있어서인지 책읽기에 관련해서는 누구보다도 소신이 있다. 어떤 '카더라 통신'에도 휘둘리지 않는다. 아이들의 연령과 흥미에 맞는 책을 직접 골라줄 수 있고, 그것만 읽으면 더 읽지 않아도 괜찮다고 생각하기 때문에 딱히 불안해하거나 더 읽으라고 강요하지 않는다. 또 내가 책 읽는 것을 좋아했기 때문에 아이들도 당연히 그럴 거라는 근거 없는 믿음이 있는 것도 사실이다.

아는 만큼 흔들리지 않는다

이런 나의 태도 차이는 무언가에 대해서 '아느냐, 모르느냐', 기준이 '있느냐, 없느냐'에서 온다. 나는 수학에 대해 잘 모르기 때문에 전문가의 말에 휘둘릴 수밖에 없다. 하지만 0세부터 중· 고등학교 때까지 어떤 책을 언제 어떻게 읽는 것이 좋다는 것을 알기 때문에 독서 분야만큼은 휘둘리지 않는다.

자녀교육도 마찬가지이다. 자녀교육에 대해 어느 정도 알고 있다면 흔들리지 않는다. '아는 것'은 경험과 지식을 통해서 이루어지는데, 특히 자녀교육은 미리 경험해 볼 수도 없고 학교에서 배우는 것도 아니기 때문에 책, 강의, 주변 사람들과의 소통 등을 통해 얻을 수밖에 없다. 부모가 끊임없이 자녀교육에 대해 공부해야 하는 이유이다. 공부하지 않으면 자칫 자신만의 경험과 지식으로 잘못된 자녀교육관을 가질 수 있기 때문이다.

만약 이렇게 지식과 경험을 통해 '자녀교육'에 대해 알았다면 그 다음은 자신만의 '기준'을 세우는 것이 중요하다. 이 기준은 철학,

가치관 등으로 바꾸어 말할 수 있다.

예를 들어 '나는 아이를 행복한 사람으로 기르겠다', '나는 아이를 자기 주관이 뚜렷한 아이로 기르겠다' 등 부모 나름대로의 우선순위나 기준이 있을 것이다. 이런 기준이 있으면 자녀를 기르는 과정 속에서 어떤 선택을 해야 할지가 명확해진다.

확고한 교육철학이 있을 때

자녀를 명문대에 보낸 부모들은 "자녀의 능력을 믿는다", "스스로 좋아하는 것을 찾도록 한다", "자녀는 부모의 소유물이 아니다", "자녀에게서 배울 것이 분명히 있다" 등 확고한 교육철학이 있었다. 이렇게 교육철학이 확고하면 어떤 상황에서든 중심을 잃지 않을 수 있다.

나는 자녀교육에서 가장 중요한 것은 부모와 아이의 관계라고 생각한다. 아이 때문에 너무너무 화가 나는 일이 있고, 짜증나는 일이 있어도 다음과 같이 생각하면 마음을 다스릴 수 있다.

'내가 이렇게 말을 하고 행동을 한 후, 아이와의 관계가 나빠지면 더 많은 것을 잃을 수 있다. 아이와의 관계를 유지하면서 이 문제를 해결할 수 있는 방법은 무엇일까?'

그렇게 생각하며 내 말과 행동을 결정한다. 이런 일들이 계속 반복될 텐데 그때마다 화내고 짜증낸다면 그로 인해 달라지는 것은 없을 것이다. 나중에 나와 우리 아이에게 남아 있는 것은 다 푼 수학 문제집이나 꼼꼼하게 쓴 공책이 아니라 혹여 넘어져도 다시 일어날 수 있게 만들어주는 든든한 엄마와 아빠여야 하지 않을까.

부모의 교육철학이 확고하면 호시탐탐 뒤흔들 틈을 노리는 과장 광고나 정보에 흔들릴 일이 없고 더불어 아이와의 관계를 돈독하게 할 수 있다.

중요한 것이 무엇인지 생각하고 나만의 교육철학을 가져보자.

부모의 욕심이 앞설 때 다스리는 방법

자녀를 명문대에 보낸 부모들에게 "초등학생을 기르고 있는 부모들에게 해주고 싶은 말이 무엇인가요?"라고 물었더니 답변에 공통점이 있었다. 그것을 한마디로 요약하면 "나무가 아닌 숲을 보라"이다.

초등학생을 기르고 있는 부모들에게는 당장 아이와 하루를 알차게 보내는 일이 급하다. 오늘 가야 하는 학원 숙제는 다 했는지, 매일 해야 하는 문제집 풀기는 끝마쳤는지, 글씨는 왜 이렇게 지렁이 같은지, 온종일 붙잡고 있는 휴대폰은 어떻게 떼어놓을 것인지…. 물론 이런 것들이 중요하지 않다는 말은 아니다. 하루하루가 쌓여서 미래를 만들기 때문이다. 하지만 작은 일에 일희일비하지 말고 편안하게 생각해야 한다.

그렇다면 어떤 마음가짐을 가져야 마음을 편하게 먹고 자녀를 기를 수 있을까? 선배 부모들의 이야기를 정리하면 다음과 같이 세 가지로 나눌 수 있다.

아이에게서 한 발 떨어지자

여성학자 박혜란 선생님 어머니의 좌우명은 "웃으면 집안이 무고하다"였다고 한다. 물론 아이를 기르는 일은 힘들지만 아이에게서 한 발 떨어져서 지켜보고 걱정거리가 있어도 '웃으려' 노력했다고 한다. 걱정한다고 달라지는 것이 아닌데 마치 우리는 걱정해야 아이를 잘 키우고, 아이에게 관심이 많은 것으로 착각하고 있다는 것이다.

아이에게서 한 발 떨어져서 객관적으로 아이를 바라보고 아이의 미래를 기대해보자. 아이를 너무 가까이에서 보면 문제점이 더 커 보일 뿐 아니라 우리 아이만 보이기 때문에 객관적인 시각을 가질 수 없다.

아이는 나의 소유물이 아니다

아이의 학습과 입시에 관심을 가지는 것인지, 부모가 대학에 가려고 공부하는 것인지 구분이 안 갈 만큼 극성인 경우가 많다. 하지만 아이를 진정으로 위하는 길, 아이를 바른 길로 이끄는 방법은 잔소리를 하는 것이 아니다. 부모가 자신을 존중한다는 느낌을 받게 해야 하지 조종당한다는 느낌을 받게 해서는 안 된다.

아이가 '엄마, 아빠는 나를 존중해주는구나' 하고 생각하게 하려면 '네 인생은 네가 사는 것이다'라는 메시지를 주어야 한다. 부모 또한 그 마음을 가지고 아이를 대해야 한다. 그러면 아이는 자립심이 생기고 부모는 스트레스를 줄일 수 있다.

과정일 뿐이니 급하게 생각하지 말자

아이를 대학까지 보낸 부모들은, 아이가 어렸을 때를 뒤돌아보면서 '왜 그때 그렇게 마음을 넓게 가지지 못했을까? 왜 좀 더 여유 있게 기다려주지 못했을까?' 하고 후회한다고 한다.

당시에는 아이가 저지른 한 번의 실수가 평생을 좌우할 것처럼 크고 중요하게 느껴지지만, 사실은 다 과정일 뿐이었음을 지나고 보니 깨닫게 되었다는 것이다. 아이의 능력을 믿고 여유 있게 기다려주는 것이 아이도 지치지 않고 부모도 스트레스 받지 않는 방법이다.

물론 말처럼 쉽지는 않다. 초등학생을 기르고 있는 부모가 그걸 알고 실천한다면 어려울 일이 뭐가 있을까? 오랫동안 독서지도를 하며 초등학생 아이가 대학생이 되는 과정을 여러 번 지켜봐 온 나 역시도 '엄마'라는 자리로 돌아가서 '내 자식'을 대하면 조급한 마음이 드니 말이다.

그래도 첫째보다 둘째에게, 둘째보다 셋째에게 여유를 가지는 부모들을 보면 기다려주는 게 맞는 것 같다. 초등학생 시절은 아이 인생의 한 부분이고 시행착오를 겪는 과정이다. 이 말을 마음속에 새겨보자. 지금 당장 말 잘 듣는 아이를 만드는 것에 집착하지 말고 아이의 어린 시절을 어떻게 잘 채워서 미래를 만드는 데 도움을 줄지를 고민해보자.

작은 일에 일희일비하지 말고 아이의 능력을 믿고 여유 있게 기다려주자.

아이가 엄마 몰래 문제집 답지를 베꼈다면

첫째 아이가 초등학교 3학년 때 있었던 일이다. 매일 수학 문제집 두 장씩 푸는 것이 규칙이었기 때문에 아들을 방에 두고 수학 문제집을 풀게 했다. 잠시 후 아들이 다 풀었다며 수학 문제집을 보여주는데 뭔가 이상했다.

아들이 내민 수학 문제집에는 문제를 푼 흔적이 어디에도 없었고 답만 적혀 있었다. 평소보다 푸는 시간이 짧았으며 문제를 푸는 동안 방에 못 들어오게 했다. 이쯤 되면 많은 부모가 짐작했을 것이다. 해답지를 보고 베낀 거라는 걸.

다 풀었으니 칭찬해줄 것이라는 기대감과 혹시 들키면 어떻게 하나 하는 불안함에 평소와 다르게 말이 많아지는 아들의 얼굴을 보며 잠시 생각에 빠졌다. 이미 마음속으로는 문제집을 집어던지고 어떻게 이럴 수가 있냐며, 이건 엄마에 대한 배신이라며 화를 내고 있었지만 나름 이성적인 부모라 자부하던 나는 쉽사리 혼을 낼 수 없었다.

해답지를 몰래 본 아이의 속마음

당신이 부모라면 어떻게 했을까? 화를 냈을까? 타일렀을까? 아니면 '아이가 그럴 수도 있지'라며 그냥 넘겼을까? 나는 그때 해답지를 보면 네 실력이 나아지지 않을 것이라고 다독이고, 이러면 엄마는 혹시 또 네가 해답지를 볼까 봐 의심하며 너를 믿지 못할 거라고 타일렀다. 몰라서 해답지를 보고 싶으면 해답지를 보고 풀었다고 얘기해 달라고 했다. 아주 잘 대처했다고 생각했지만 사실 그 후로 문제집을 살 때마다 해답지를 숨겨놓는 버릇이 생긴 걸 보면 그렇지 않았던 것 같다.

훗날 어느 부모교육 강의에서 그날의 내게는 세 가지 잘못이 있음을 알게 되었다. 첫째는 내가 정한 방법으로 공부시킨 것, 둘째는 아이가 해답지를 볼 수 있게 그대로 둔 것, 셋째는 아이의 마음을 읽어주지 못한 것이었다. 아이는 엄마가 시킨 '수학 문제 풀기'를 해야 했지만 하기 싫었고, 동시에 엄마를 실망시키기도 싫었기 때문에 가장 좋은 방법을 선택했을 뿐이었다.

가장 근본적인 문제는 '도대체 그 수학 문제집 두 장 풀기는 누가 정한 기준인가'였고, 또 다른 문제는 '나와 아이의 신뢰에 금이 간 것'이었다. 수학 문제집 풀기가 뭐라고 평생 함께 가야 할 아이와의 신뢰를 무너뜨리는 상황을 만들었을까?

부모와 아이와의 관계

다시 그때로 돌아간다면 "수학 문제가 풀기 싫었구나. 엄마가 해답지를 볼 수 있는 곳에 둬서 미안해"라고 다독이며 해답지를 보고 싶은(양심을 속이고 싶은) 상황을 만들지 않을 것이다.

또 '수학 문제집 두 장 풀기'라는 내가 정한 방법이 아닌 아이와 함께 정한 방법으로 공부했을 것이다. 아이가 해답지를 보지 않고 문제를 풀 수 있는 적절한 분량을 정할 수 있도록 도와주었을 것이다. 혹시라도 해답지를 보게 된다면 양심을 속이지 않아도 되는, 공부에 도움이 되는 방향으로 이끌었을 것이다. 그랬다면 아이는 시행착오를 겪고 스스로 동기를 만들며 자기에게 맞는 공부법을 찾을 수 있지 않았을까?

중요한 것은 수학 문제가 아니라 아이와의 관계이다. 부모와 아이와의 관계가 좋으면 아이는 부모의 말에 귀 기울이며 누가 시키지 않아도 스스로 공부하는 힘이 길러진다. 자녀와 하루 이틀만 지낼 것도 아니고, 수학 문제집 한 권 푼다고 공부습관이 잡히는 것도 아니다. 자녀와 함께 밥 먹고, 잠자고, 텔레비전 보고, 산책하는 모든 순간 무엇을 기준으로 잡아 말하고 행동해야 하는지 고민해야 한다.

나와 자녀에 걸맞은 기준을 현명하게 갖춰나가기 위해서는 다양한 전문가의 이론을 끊임없이 공부하고, 시행착오를 겪은 선배 부모들의 의견에 귀 기울여야 한다.

POINT

자녀와 함께 생활할 때 무엇을 기준으로 잡아 말하고 행동할지를 생각해 본다.

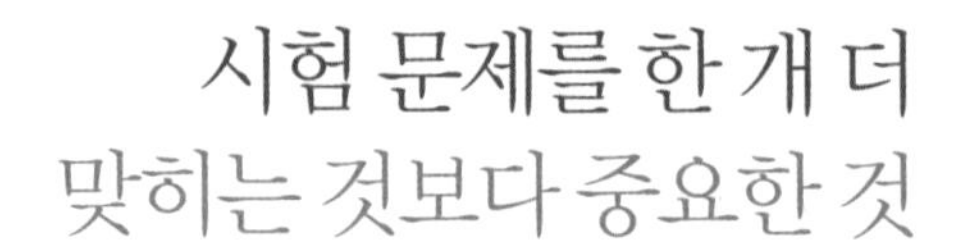

시험 문제를 한 개 더 맞히는 것보다 중요한 것

입시지도와 여러 가지 교육활동으로 유명한 심정섭 더나음연구소 소장은《학력은 가정에서 자란다》에서 "마음이 편한 아이들은 긴장되는 상황에서도 실력을 발휘한다"라고 했다. 20년 이상 입시 현장에서 아이들을 지도하고 부모들과 만나면서, 수험생 중에는 실력은 되는데 시험 시간에 지나치게 긴장하여 실력 발휘를 하지 못하는 경우가 생각 외로 꽤 된다는 결론을 얻었다고 한다.

모든 입시는 실력 80%에 정신력 20%로 결정된다고 할 수 있다며, 실전에서는 실력이 80%라도 정신력 20%로 실력을 뛰어넘는 결과를 내는 학생들이 있다는 것이다. 다시 말해 시험이라는 긴장

되는 상황 속에서도 편한 마음으로 자기 실력을 최대한 발휘할 수 있는 것은 바로 정신력이 강하기 때문이고, 요즘 말로 멘탈이 강하기 때문이라고 할 수 있다.

이런 아이를 심리학적으로 표현하면 '자기 실력을 잘 발휘할 수 있을 거라는 자신감이 있는 아이', '시험을 잘 보지 못하더라도 괜찮다는 생각을 하게 만드는 자존감이 높은 아이'이다. 이런 자신감과 자존감은 부모의 편안함에서 나온다. 아이를 믿고 기다려주고 좋은 관계를 유지하는 부모에게서 자란 아이가 정신력이 강한 아이로 자랄 수 있다는 것이다.

대학에서 학사경고를 받은 아이들의 대부분은 마음의 문제를 안고 있다고 한다. 힘들게 공부해서 대학까지 오긴 했는데, 대학에 오기까지 이끌어준 것이 자기 자신의 힘이 아니라 부모나 다른 사람의 인정, 강압 등이었기 때문에 그다음으로 나아가지 못하는 것이다. 심지어 이런 이유로 우울증을 겪는 대학생들도 적지 않다. 대학 이후의 삶도 자신이 이끌어갈 수 있도록 내면의 힘을 길러야 하는 이유가 바로 여기에 있다.

부모는 아이가 단거리 달리기가 아닌 장거리 달리기를 할 수 있도록 도와주어야 하고 그러기 위해서는 일방적이고 강압적인 태도는 버려야 한다. 어떻게 할 것인지, 무엇을 할 것인지 스스로 결정하고 실패도 하면서 문제를 해결하는 힘을 기를 수 있도록 도와주어야 한다. 그러기 위해서는 항상 부모와 소통하는 자녀로 키워야 한다.

부모와의 소통이 마음 편한 아이로 자라게 한다. '부모에게 인정받기 위해', '그냥 말을 잘 듣는 게 편하니까'라는 생각으로 사는 아이들은 순종적이고 착한 아이로 통할 수 있지만 언젠가는 길을 잃고 헤맬 수 있다.

어떤 자녀교육전문가는 '행복력'을 기르게 하라고 한다. 행복하다고 생각하고 행복하게 사는 것도 능력이라는 것이다. 행복을 위해 노력하고 행복을 느끼고, 행복하게 사는 아이가 될 수 있도록 하는 것을 목표로 삼고 아이의 마음을 보살펴주면 어떨까.

POINT

아이를 믿고 기다려주고 좋은 관계를 유지하는 부모에게서 자란 아이가 정신력이 강한 아이로 자랄 수 있다.

발달전문가들은 왜 '12세 이전'을 주목하는가

소위 상위권 대학에 자녀를 보낸 부모나 상위권 대학에 간 학생이 자신의 경험담을 바탕으로 쓴 책은 쉽게 찾아볼 수 있다. 이런 경험담은 뉴스, 신문 등으로도 접할 수 있다. 그런 이야기를 볼 때면 이런 생각이 든다.

'원래 똑똑한 아이네.'

'저렇게 스스로 잘 하는 애가 있더라고.'

'저 아이는 우리 아이랑 다르네.'

명문대에 다니는 학생들은 우리 아이와 완전 다른 아이들 같아서 경험담이나 학습법이 마음에 잘 와닿지 않는다. 효과를 보았다며 권하는 공부법들도 '과연 제대로 실천할 수 있을까?' 하는 생각이 들 만큼 어려워 보이는 것도 사실이다.

하지만 사실 그 안을 들여다보면 쉽게 따라 할 수 있는데 우리가 놓치고 있는 한 끗이 있을 수 있다. 똑같은 요리라도 간단한 한 가지 방법이나 재료 하나만 바꾸어도 완전히 달라지듯이 말이다.

어린 시절 가정교육으로 기르는 개인 역량

평범한 내 아이가 원하는 대학에 가고 원하는 일을 하면서 행복하게 살 수 있는 방법은 무엇일까? 확실한 것은 부모가 아이의 공부를 대신 해줄 수는 없다는 것이다. 다만 부모는 아이와 함께 일상생활 속에서 아이의 역량은 키워줄 수 있다.

여기서 말하는 역량이란 '어떤 일을 해낼 수 있는 힘'을 말한다. 성공한 사람이나 그들의 부모가 공통적으로 강조하는 것은 공부법이나 일하는 방법이 아니라 '그것을 할 수 있게 만들어주는 개인 역량'이다.

예를 들어 책상 의자에 오래 앉아 있을 수 있도록 도와주는 것은 공부법보다는 공부 동기, 인내력, 집중력과 같은 것이다. 이런 역량을 길러주기 위해서 우리가 기억해야 할 것이 있다. 바로 '어린 시절'과 '가정교육'이다. 다시 말해 부모는 아이를 위해 대신 공부해줄 수는 없지만 아이의 어린 시절을 함께하면서 공부할 수 있는 힘은 길러줄 수 있다.

초등학교 때, '발달'은 이미 끝난다

심리학자 피아제는 출생부터 만 12세까지의 인지발달단계를 세 단계로 나누고 그 이후의 발달은 12세에 시작해서 어른이 될 때까지 지속된다고 보았다.

이외에도 여러 발달이론을 살펴보면 태어나서부터 12세까지의 발달은 급격하게 이루어지지만 12세 이후부터 성인까지는 완만하게 이루어지는 것을 알 수 있다. 다시 말하면 만 12세 이전의 아이들은 하루가 다르게 변화하고 성장하고 있으며, 이 시기는 다른 사람들과의 관계 속에서 가치관을 정립하고, 자신감, 자존감, 인내력, 통찰력, 창의력 등 개인적인 역량을 기를 수 있는 적기라는 의미이다.

청소년기인 12세 이후, 즉 중학생이 된 후에는 자아정체성을 확립하게 되고 자신의 사회적 위치와 역할을 이해하게 된다. 인지발달은 끝이 났는데 어른은 아닌 상황이다 보니 신체적 발달과 정신적 발달의 불일치가 일어나 혼란을 겪게 되는 것이다.

아이가 12세 이전까지의 시기를 잘 보낼 수 있도록 부모의 역할에 최선을 다해야 하는 이유가 여기에 있다. 12세 이전에 아이에게 최선을 다하면 12세 이후에는 아이가 정서적 안정감을 가지고 자신에게 주어진 일을 해나갈 수 있는 충분한 역량을 가지게 된다.

전 세계 인구의 약 0.2%를 차지하지만 노벨상 수상자의 40%, 전 세계 억만장자의 30%, 하버드 재학생의 30%를 차지하고 있는 유대인들의 교육방법은 유명하다. 유대인들은 만 13세가 되면 '바르 미쯔바'라고 불리는 성인식을 치러주며 성인으로 인정한다. 축의금으로 주식 등에 투자할 수 있도록 하거나 사업을 구상하게 하거나 여행을 보내주기도 한다.

유대인은 12세 이전의 초등학생 시절을 부모가 교육하고 양육해야 할 중요한 시기로 본다. 또 13세 이후에는 성인이 되었다고 보고 완전한 자립은 아니지만 자립할 수 있는 기반을 마련해주기 시작하는 시점으로 본다. 이는 유대인 하워드 슐츠가 29세에 스타벅스를, 마크 저커버그가 20세에 페이스북을, 세르게이 브린이 25세에 구글을 창업할 수 있게 만든 힘이기도 하다.

초등학생 시절은 아이의 인생에 있어 매우 중요한 시기이다. 초등학생 시절이 끝나면 바로 성인으로 인정해도 될 만큼의 인지, 정서발달이 완성된다. 부모의 영향력이 효과적으로 미칠 수 있는 초등학생 시기에 아이들의 역량을 키워주는 데 진심을 다하자. 그러면 아이들은 자신의 마음 근육을 기르고 그 힘으로 인생을 자유롭게 꾸려나갈 수 있을 것이다.

유대인은 12세 이전의 초등학생 시절을 부모가 교육하고 양육해야 할 중요한 시기로 본다. 초등학생 시절이 끝나면 바로 성인으로 인정해도 될 만큼의 인지, 정서발달이 완성되기 때문이다.

전문가들이 말하는
초등학생 때 길러야 할 필수 역량

역량은 1970년 초 심리학자 데이비드 맥클랜드에 의해 처음 소개된 개념으로 기업에서 업무능력과 관련되어 시작된 이론이다. 하지만 지금은 교육적인 측면에서 학생들의 역량을 길러주기 위해서도 많이 활용되고 있다. 1970년대 이후 역량에 관한 정의는 다양해졌다. 그러나 지식이나 업무능력은 배울 수 있지만 개인이 가지고 있는 역량은 인간의 내면에 있는 것으로 이미 형성된 다음에는 쉽게 바꾸지 못한다는 점은 달라지지 않았다.

앞서 말한 자존감, 자신감, 인내력 등의 역량 중 아이가 어릴 때 부모가 길러줄 수 있는 것은 무엇일까? 전문가들은 성인이 되기 전, 학생들에게 어떤 역량을 기르라고 강조하고 있을까?

경제협력개발기구의 역량

경제협력개발기구(OECD)는 2030년 성인이 될 학생들에게 필요한 핵심 역량으로 학생 행위주체성(student agency)을 꼽았다. 역량의 목표를 개인과 사회의 웰빙으로 보았으며, 역량의 특징은 변혁적(transformative) 역량으로 정의하였다. 이는 학생들이 삶의 모든 영역에서 적극 참여하면서 보다 나은 방향으로 영향을 미치려는 책임의식, 학생들이 혁신적이고 책임감 있으며 의식적인 사람이 되는 데 필요한 것이라고 하였다.

여기에서의 역량은 능력보다는 태도와 가치에 무게를 둔 것으로 크게 세 가지를 제시하고 있다. 첫째, '새로운 가치의 창출 능력'은 적응력, 창의성, 열린 마음에 토대를 두는 역량인 창의적으로 사고하고 새로운 것을 개발할 수 있는 능력이다. 둘째, '긴장과 딜레마 조절 능력'은 모순적으로 여겨지거나 대립이 있는 의견에서 상호 관련성을 고려해 통합적인 방식으로 사유하고 행동하는 능력이다. 셋째, '책임감 있는 자세'는 앞선 두 역량의 전제 조건으로 자신의 행위를 개인적 목표와 사회적 목표, 학습한 내용에 비추어 성찰하는 능력이다.

발달심리학자의 역량

발달심리학자 로베르타 골린코프 교수와 캐시 허시-파섹 국제유아연구협회장은 '청소년의 미래 인재 역량 육성법'에 대해 말하면서 4차 산업혁명 시대에 아이들에게 '6C 역량'을 키우라고 조언한다. 6C는 협력(Collaboration), 의사소통(Communication), 콘텐츠(Content), 비판적 사고(Critical Thinking), 창의적 혁신(Creative Innovation), 자신감(Confidence)이다. 이들은 "부모와 교사 등은 지시하기보다 코치의 역할을 하며, 아이들이 관심 있어 하는 분야에 더욱 창조적으로 실험하고 매진할 수 있도록 돕는 자세가 우선되어야 한다"라고 말했다. 역량을 기르기 위해서는 부모와 교사의 자세가 중요하다는 것이다.

2015개정 교육과정의 역량

'2015 개정 교육과정'에서도 미래 사회를 살아가는 데 필요한 능력 습득을 강조하면서, 학생의 실제적 삶 속에서 무언가를 할 줄 아는 실질적인 능력을 기르기 위한 '역량'을 제시하였다.

자세히 알아보면 '자기관리 역량'은 자아정체성과 자신감을 가지고 자신의 삶과 진로에 필요한 기초 능력과 자질을 갖추어 자기

주도적으로 살아갈 수 있는 능력을 말한다. '지식정보처리 역량'은 문제를 합리적으로 해결하기 위하여 다양한 영역의 지식과 정보를 처리하고 활용할 수 있는 능력, '창의적 사고 역량'은 폭넓은 기초 지식을 바탕으로 다양한 전문 분야의 지식, 기술, 경험을 융합적으로 활용하여 새로운 것을 창출하는 능력이다. '심미적 감성 역량'은 인간에 대한 공감적 이해와 문화적 감수성을 바탕으로 삶의 의미와 가치를 발견하고 향유할 수 있는 능력, '의사소통 역량'은 다양한 상황에서 자신의 생각과 감정을 효과적으로 표현하고 다른 사람의 의견을 경청하며 존중하는 능력, '공동체 역량'은 지역 · 국가 · 세계 공동체의 구성원에게 요구되는 가치와 태도를 가지고 공동체 발전에 적극적으로 참여하는 능력을 말한다.

그 외에도 다보스포럼에서 제시한 미래에 필요한 열여섯 가지 스킬은 크게 기초 소양과 역량, 성격적 특성으로 나눌 수 있다. 기초 소양에는 문해력, 산술능력, 과학적 소양, ICT소양, 금융 소양, 문화시민 소양이 포함되고, 역량에는 비판적 사고와 문제해결 능력, 창의력, 소통 능력, 협업 능력 네 가지가 포함된다. 여기에 호기심과 진취성, 지구력, 적응력, 리더십, 사회문화적 의식을 성격적 특성으로 꼽았다.

또한 'OECD 교육 2030'에서 미래 학습자가 가져야 할 네 가지 역량을 문해력(Literacy), 수리력(Numeracy), 데이터 이해력(Data literacy), 디지털 이해력(Digital literacy)이라고 하였다.

이렇게 여러 전문가의 역량에 관한 내용을 살펴보면 공통점을 찾아볼 수 있다. 첫 번째는 자기 자신에 관한 역량으로 자신감, 자기주도성, 자존감, 책임감 등에 관한 영역이다. 두 번째는 지식에 관한 역량으로 정보를 처리하는 능력이나 콘텐츠를 만드는 능력, 창의적인 것을 개발하는 능력, 비판적 사고 등에 관한 영역이다. 세 번째는 사회성에 관한 역량으로 의사소통능력이나 공동체 발전과 관련된 리더십, 갈등과 문제를 해결하는 능력 등에 관한 영역이다.

초등학생을 둔 부모가 집에서 실천하며 길러줄 수 있는 방법을 2장부터 7장까지 역량별로 정리했다. 초등학생 자녀들과 하루하루를 보내면서 약간만 다른 방법을 적용하면 아이의 인생이 완전히 달라질 수 있다. 명문대 학생들과 자녀를 명문대에 보낸 부모들에게 우리가 무엇을 배울 수 있는지, 우리가 놓치고 있는 것은 무엇이고, 우리가 바꿔야 할 것은 무엇인지 알아보자.

POINT

여러 전문가가 공통적으로 강조하는 역량이 있으며 이는 초등학생 때 부모가 가정에서 길러줄 수 있다.

Chapter 2

말 잘 듣는 아이보다 스스로 선택하는 아이로

_자존감

하버드대학교 교육대학원 교수이자 정신건강 상담사인 조세핀 킴 교수는 하버드대학을 나온다고 반드시 행복한 것은 아니라고 말한다. 그리고 주목해야 할 것은 하버드대 학생들의 공부법이 아니라 '자존감'이라고 강조한다.
아이의 자존감을 중요하게 생각하고 키워준다면 아이는 평생 안정된 행복을 누릴 뿐 아니라 좋은 성적이나 좋은 직업을 가질 확률도 더 높아질 것이라고 한다. 왜냐하면 자존감과 학업성취도는 분명 연관이 있기 때문이다. 명문대를 나와야 행복에 가까워지는 것이 아니라 행복한 아이들이야말로 행복하게 공부할 수 있다는 것이다.

자기 주도적인 아이로 키우고 싶다면

"아이가 내 뜻대로 된다고 자랑 말고, 아이가 내 뜻대로 안 된다고 걱정 마라. 반대로 아이가 내 뜻대로 된다면 걱정하고, 아이가 내 뜻대로 안 되면 안심해라."

여성학자 박혜란 선생님이 쓴《다시 아이를 키운다면》에 나오는 구절이다. 많은 부모는 '말 잘 듣는 아이', '순한 아이'를 최고로 여기며 이런 아이로 자라면 아이를 잘 기르고 있다고 착각한다.

오히려 내 뜻대로 자라고, 말을 잘 듣는 아이로 자라고 있다면 걱정해볼 필요가 있다. '내면의 자기를 숨기고 부모의 뜻대로 자라고 있는 것은 아닌가', '자기가 좋아하는 것이 뭔지, 싫어하는 것이 뭔지 모르고 그냥 하라는 대로만 하고 있는 것은 아닌가' 하고 말이다. 이렇게 자란 아이는 '자아'를 찾았을 때 혼란을 겪을 수 있으며 인생의 고비를 겪을 수 있다.

'나'라는 기준이 있을 때

실제로 고등학교 때까지 부모 말을 한 번도 어긴 적이 없고 대학 전공도 부모 말에 따랐다가, 대학교에 와서 '자아'를 찾으면서 전과를 하거나 다른 공부를 시작하는 예도 무수히 많다.

부모는 아이가 어릴 때부터 '자아'를 찾도록 도와주는 것이 중요하다. 자기가 좋아하는 것은 무엇인지, 잘하는 것은 무엇인지, 싫어하는 것은 무엇인지 알아야 하는 것이다.

독서수업을 통해 수많은 초등학생을 만나면서 '자기 자신을 아는 것'은 매우 중요하다는 생각이 더욱 확고해졌다. 나는 좋은 글을 쓰기 위해서는 다음의 세 가지 요건이 갖추어져야 된다고 생각한다.

첫째, '자기 자신을 아는 것'
둘째, '쓸 거리가 풍부한 것'
셋째, '잘 표현하는 것'

일단 자기의 생각이나 입장이 분명하지 않으면 글을 쓸 때 '주제'를 정하는 것부터 힘들어진다. 주제는 독자 입장에서는 '글의 중심 내용', '작가가 하고 싶은 말'이지만, 작가 입장에서는 '독자에게 하고 싶은 말'이다. 그렇기 때문에 내 생각이나 입장이 없으면 하고자 하는 말을 분명하게 전달할 수 없다. 내가 무엇을 좋아하고 싫어하는지 명확하지 않기 때문에 하고 싶은 말도 떠오르지 않는 것이다.

반대로 내 생각이 분명하면 글을 쓰는 일이 매우 쉬워진다. 그러므로 어떤 상황이나 사실에 대해서 나는 뭐가 좋은지, 뭐가 싫은지 분명한 것이 기본이 되어야 한다. '나'라는 기준이 있어야 하는 것이다.

예를 들어 "유전자 재조합 식품을 먹어도 될까? 안 될까?"라는 주제에 대해 "먹어도 될 것 같기도 하고 아닌 것 같기도 해요", "잘 모르겠어요"라고 대답한 아이들은 주제를 정할 때 힘이 들지만, "절대 안 돼요", "먹어도 돼요"라고 자기 생각을 정확하게 갖고 있는 아이는 주제를 정하기가 쉽다.

일단 이렇게 자기 생각이 뚜렷하면 그 내용을 쓰기 위해서 책이나 토론을 통해 다양한 정보를 수집하여 쓸거리를 만드는 데에도 적극적이 될 수밖에 없다. 사실 여기까지 순조롭게 진행되고 나면 쓰는 것은 시간 문제이다.

글쓰기를 예로 들었지만 자기 생각은 비단 글을 쓸 때만 중요한 것이 아니다. 공부를 할 때도, 친구관계에서도 내가 어떤 사람인지 알고, 무엇을 좋아하고 싫어하는지 알면 생활 속의 스트레스 요인이나 문제들이 자연스럽게 풀리게 된다.

자기가 좋아하는 것이 분명해야 그 일을 찾아서 할 수 있고, 삶에 의욕이 넘치며 자기가 싫어하는 것이 분명해야 불만을 해결하면서 세상을 바꿀 수 있다. 남에게 피해를 주거나 절대 안 되는 일이라면 단호하게 대처해야겠지만, 어떤 일에 대해 나와 다른 생각을 가지고 있는 것이라면 그 생각을 존중해주어야 한다.

나 자신에게 물어보고 '나'를 아는 것

아이가 '나'라는 기준을 가질 수 있도록 하려면 평소에 아이에게 스스로 자신에 대해 질문하고, '나'에 대해 관심을 가지게 하는 것이 중요하다. 예를 들면 책을 읽을 때도 '나라면 어떻게 했을까?', '내가 이 시대에 태어났다면 이렇게 할 수 있었을까?' 등의 질문을 해보면서 '나'는 어떻게 말하고 행동할지를 생각하도록 해보자.

이렇게 하다 보면 '내가 어떤 사람인지'를 생각해보게 된다. '내가 어떻게 생각하는지', '나는 어떤 사람인지'를 아는 것은 나의 가치관을 아는 것이고 나의 철학을 아는 것이다. 이것은 자신의 삶을 꾸려나가는 데 매우 기본적인 일인데, 많은 사람이 간과하고 지나가는 일이기도 하다.

내가 예전에 아이들에게 자주 하는 질문이 있었는데 "너는 어떤 사람이 되고 싶니?"라는 질문이다. 직업이 아니라 그냥 착한 사람이나 힘센 사람, 누군가를 잘 도와주는 사람 등 자신을 수식하는 말을 생각해보라는 뜻으로 물어보곤 했다. 그러면 아이들의 대답 속에서 아이들의 마음을 읽을 수 있었기 때문이다.

보통 초등 저학년 아이들에게 질문을 했는데, '보통 사람'이라고 대답한 아이는 특별히 나서기보다는 대세를 따르는 편이었다. '힘센 사람'이라고 대답한 아이는 경찰을 꿈꾸며 올바른 행동을 하려고 노력했다.

그런데 어느 날 둘째 아이에게 같은 질문을 했는데 "그런 게 어디 있어? 그냥 나는 나 같은 사람이 될 거야!"라고 대답하는 것이다. 그 대답을 듣고 나는 한 대 맞은 것 같았다. 그렇지. 왜 착한 사람, 멋진 사람, 힘센 사람이 되려고 할까? '나 같은 사람'이 되는 게 가장 중요한 게 아닐까?

이제 나는 그 질문을 하지 않는다. 그저 아이들이 자신의 본모습을 찾아나갈 수 있도록 돕는 역할을 하려고 한다.

아이가 '나'라는 기준을 가질 수 있도록 하려면 평소에 아이에게 스스로 자신에 대해 질문하고, '나'에 대해 관심을 가지게 하는 것이 중요하다.

자존심이 강한 아이 VS 자존감이 높은 아이

자존감이란 '자아존중감'을 줄인 말로 '자신의 가치를 이해하고 평가하는 감정'이다. 조세핀 킴 교수는 자존감은 '기본적으로 우리 자신에 대한 신념의 집합'이라고 정의한다.

그리고 자존감의 핵심 두 가지는 자기 가치와 자신감이라고 했는데, 자기 가치는 '나는 다른 사람의 사랑과 관심을 받을 만한 사람이라고 믿는 것'이고 자신감은 '나는 주어진 일을 잘해낼 수 있다고 믿는 것'이다.

자존감이 높은 사람은 자신을 소중히 여기고, 자신이 타인에게 사랑받을 가치가 있으며, 무엇인가를 이루어낼 능력이 있는 존재라고 믿는다. 반대로 자존감이 낮으면 자신의 가치를 낮게 평가하고 무능력하다고 생각한다.

자존감과 자존심

어떤 일을 하든지 자존감이 낮으면 걸림돌이 되고, 자존감이 높으면 아주 강력한 무기가 된다. 그런데 아이의 '자존심'을 지켜주는 것을 '자존감'을 키워주는 일이라고 착각하는 경우가 많다.

예를 들어 아이와 보드게임을 하면서 아이에게 져주는 경우이다. 아이의 기가 죽을까 봐, 아이가 자존심 상할까 봐 져주는 것이다. 하지만 아이가 초등학생이고 그 보드게임이 아이의 수준에 맞는 것이라면, 부모가 게임에 져주는 것보다는 최선을 다하는 것이 아이의 자존감을 높여주는 일이다. 아이가 처음에는 질 수 있지만 나중에 자신만의 힘으로 이기면 성취감을 느끼게 된다. 그뿐만 아니라 정정당당하게 놀이하는 법을 배울 수 있다.

나는 첫째 아이와 장기를 둘 때 아이가 초등 저학년일 때도 최선을 다해 두고 이겼다. 그러다 보니 5학년이 되면서는 막상막하가 됐고 6학년이 되고부터는 나보다 훨씬 장기를 잘 두게 됐다. 어릴 때는 지면 울고 기분 나빠하기도 했지만 어느 순간부터 패배에 의연해지더니 이제는 나보다 실력이 더 좋아졌다. 아마도 지고, 이기는 과정 속에서 마음을 다스리는 자신만의 방법을 터득하며 성장한 것 같다.

지면 우는 아이와는 경쟁게임을 해준다

특히 경쟁게임에서 지고 나서 지나치게 화를 내거나 지는 것이 싫어서 아예 경쟁게임을 하지 않으려고 하는 아이들이 있는데, 이 아이들은 '자존심'이 강하기 때문에 이렇게 행동하는 것이다. 자존심이 강한 아이들일수록 더 자주 경쟁게임이나 다른 사람들과 소통하는 경험을 하게 해주는 것이 좋다.

자존심이 지나치게 강해지는 이유는 '자기중심적인 사고'에 머물러 있기 때문이다. 발달이론에 따르면 아이들은 대체적으로 초등 저학년 때까지 자기중심적인 사고를 한다. 내가 좋아하는 것은 다른 사람도 다 좋아할 것이라는 생각처럼 세상의 중심이 '나'인 것이다. 이런 자기중심적인 사고가 정상적인 발달과정을 거쳐 다른 사람의 마음도 이해할 수 있게 바뀌고, 객관적인 시각도 가질 수 있게 되는 것이다.

그런데 계속 자기중심적인 사고에 머무르면 자기가 이기지 못하고, 내 마음대로 되지 않는 상황을 견디기 어려워진다. '세상의 중심은 나'라는 생각 때문에 객관적인 시각으로 자신을 바라보지 못하기 때문이다. 전체 속의 '나'를 받아들이지 못하고, 내가 질 수도, 내가 못할 수도 있다는 것을 인정하지 못하는 것이다.

자기중심적인 사고에 머무르는 아이들은 지적받는 것도 싫어하고, 항상 자기가 이겨야만 마음의 평화를 얻는다. 그러므로 이런 아이들은 힘들더라도 다른 사람들과의 소통하는 경험을 통해 자기중심적인 사고에서 벗어날 수 있도록 도와주어야 한다.

자존심의 사전적 의미는 남에게 굽히지 않고 자신의 품위를 스스로 지키는 마음이다. 여기에서 중요한 것은 자존심은 다른 사람과 비교했을 때 생기는 감정이라는 것이다. 내가 남보다 잘했을 때 자존심이 강해지고, 남보다 못하면 자존심이 상한다. 자존심이 센 사람은 끊임없이 다른 사람과 비교한다.

자존심이 센 사람은 자기애가 강한데, 자기애가 너무 강하면 다른 사람들은 나보다 못하다고 생각할 수도 있다. 이것이 심해지면 다른 사람을 나보다 못하게 만들어서 자기애를 충족하려 할 수도 있다.

자존감이 높은 사람은 다른 사람과 비교하거나 다른 사람의 평가를 통해 자신을 바라보지 않는다. 스스로를 존중하기 때문에 주변 상황이나 타인의 평가에 흔들리지 않고 내면을 탄탄하게 채운다. 자기 자신을 높고 긍정적으로 평가한다.

자존감은 능력을 기반으로 하는 자신감이므로 열심히 노력하면

능력을 갖출 수 있다는 생각이 기저에 깔려 있다. 부모는 다양한 규칙이 있는 게임과 사회활동으로 자존감이 정상적인 발달 과정으로 건강하게 길러지도록 도와야 한다.

자존심이 지나치게 강해지는 이유는 '자기중심적인 사고'에 머물러 있기 때문이다. 자존심이 강한 아이들일수록 더 자주 경쟁게임이나 다른 사람들과 소통하는 경험을 하게 해주는 것이 좋다.

실패가 뻔히 보여도 아이의 선택이라면

둘째 아이는 자기주장이 강하고 좋고 싫음이 분명한 편이다. 예를 들어 새로 나온 과자를 아이가 골랐을 때, 내가 보기에는 안 먹을 게 뻔해서 못 사게 하면 아이는 그 과자를 먹어보고 싶다고 끝까지 떼를 쓴다. 인내심의 한계에 부딪힌 나는, 그냥 사라고 해야 할지 엄마로서 단호하게 안 된다고 해야 할지 갈등한 적이 한두 번이 아니다.

그런데 요즘에는 되도록 사주는 쪽으로 마음을 정했다. 아이가 스스로 선택하고 결정할 때 시행착오를 겪더라도 배우는 것이 있으리라는 믿음이 생겼기 때문이다. 아마 그 과자가 맛있다면 '음,

역시 나는 선택을 잘해!'라고 긍정적인 자아개념이 생길 것이고, 그 과자가 맛없다면 '이건 초콜릿이 너무 많이 들어 있네. 다음에는 초콜릿이 적은 과자를 골라야지'라며 깨달음을 얻을 것이다. 엄마인 나는 스트레스를 받겠지만, 스스로 선택하고 결정해서 행동하는 과정에서 아이는 경험하고 생각하고 느낄 거라 믿는다.

실제로 자존감이 높은 자녀를 둔 부모들을 살펴보면 '아이가 혼자서 할 수 있도록 두는 일이 많았다'라는 공통점이 있었다. 아이가 선택하고 혼자 해보는 경험을 통해서 실패도 하겠지만 성공도 하게 될 테고 그 과정에서 자존감이 형성된다는 것이다.

인간의 뇌는 새로운 경험을 하고 쾌감을 느낄 때 도파민이라는 신경물질이 분비되는데, 도파민이 분비되면 뇌는 그것을 좋은 기억으로 저장하고, 이후에는 계속 그 행동을 하라고 자극하게 된다. 그래서 그 행동을 하면 또 도파민이 분비되면서 또다시 그 행동을 하게 되는 것이다. 아이 스스로 무엇인가를 결정하고 행동하면서 성공을 경험하게 되면 그것을 통해 성취감을 느끼고 '나는 무엇이든지 잘할 수 있는 사람'이라는 자존감이 형성되는 것이다. 그리고 또 자신의 힘으로 무엇인가 해보고 싶은 마음이 반복적으로 생기게 된다.

자존감이 낮은 아이들의 부모는 '아이가 혼자서 하게 내버려두지 못해 대신 해준다'라는 공통점이 있었다. 자존감이 낮은 아이한테 도움 없이 자기 일을 스스로 하게 두었더니 몇 개월 사이에 자존감이 높아지는 것을 볼 수 있었다. 중요한 것은 부모의 믿음이었던 것이다. '아이에게는 능력이 있으며 아이 스스로 할 수 있다는 믿음' 말이다.

정신과 의사인 윤홍균 원장도 《자존감 수업》에서 자존감에는 세 가지 기본 축이 있다고 했는데, 자기 마음대로 행동하고 싶어 하는 '자기 조절감', 안전하고 편안함을 느끼는 능력인 '자기 안전감'과 자신을 쓸모 있게 느끼는 '자기 효능감'이 그것이다.

이 중에서도 일상생활에서 자기 효능감을 길러주는 가장 좋은 방법은 집안일을 함께 결정하고 역할을 분담하는 것이다. 방 청소, 책상 정리, 책장 정리, 설거지 정도의 간단한 일을 하도록 해보자. 자기 스스로 선택하고 결정하고 행동하고, 그 결과를 받아들이는 과정에서 자기 효능감이 클 수 있도록 도와주자.

POINT

부모는 아이가 할 수 있다고 믿고 지켜봐주는 것이 중요하다. 아이의 할 일을 부모가 해주는 것은 절대 금물이다.

부모의 태도가 아이의 자아 형성에 미치는 영향

7세 아이에게 "내(자기 자신)가 가장 좋을 때가 언제야?"라고 질문했더니 "내가 나를 어떻게 좋아해요?"라는 질문이 돌아왔다. '내'가 다른 사람들 속에 있는 모습을 상상하기 힘든 것이다. 이를 자기중심적인 사고라고 한다. 이런 과정을 거치면서 아이들은 자기중심적 사고에서 벗어나 자신을 객관화하게 된다. 이렇게 하는 발달과정을 통해 '자아'를 형성하게 되는데 이 '자아'를 형성하기 위해 아이들은 자신을 객관화할 때 주변 사람들의 말, 시선, 행동, 믿음 등을 근거 자료로 삼는다. 특히 부모가 자신에게 하는 말이나 시선은 자기 객관화의 중요 자료가 된다.

7세 이전에 형성되는 자아개념

여섯 살 때부터 나와 독서수업을 해온 아이가 여덟 살이 되었을 때의 일이다. 어느 날 "나는 개구쟁이니까 이럴 수도 있어", "나는 장난꾸러기니까 이렇게 할 거야"라는 말을 수시로 하는 게 아닌가. 안 하던 말을 너무 자주 하니 마음에 걸려서 그 아이에게 이유를 물어보았다. "왜 자꾸 개구쟁이라고 해? 선생님이 보기에는 그런 것 같지 않은데"라고 했더니 "우리 엄마가 저보고 개구쟁이, 장난꾸러기래요"라고 대답했다.

태어날 때부터 '나는 착한 사람', '나는 개구쟁이'라고 정해질 리 없다. '내가 생각하는 나'를 자아개념이라고 한다. 자아개념은 태어남과 동시에 발달하기 시작해서 7세 이전까지 어느 정도 형성된다.

미국의 정신분석학자 에릭슨은 심리사회적 발달단계를 정상적으로 거쳐야 올바른 자아가 발달한다고 하였다. 이 발달단계의 총 8단계 중 1~3단계를 자세히 살펴보자. 에릭슨은 7세 이전까지를 세 단계로 나누었으며, 중요한 시기라고 했다.

1단계인 생후 18개월 이전까지는 엄마가 아이에게 어떻게 반응하느냐에 따라서 신뢰와 불신을 배운다고 했다. 아이가 울었을 때 엄마가 불편함을 해소해주면 엄마와 애착이 형성되는 동시에 세상은 믿을 만한 곳이라고 여기게 된다는 것이다.

2단계인 3~5세에는 스스로 먹고, 걷고, 세상을 탐색하고 기술을 습득하는 과정에서 자기 스스로 하려는 자율성이 생기게 된다. 자기가 하고자 하는 것을 잘 성취하면 자신감과 자존감이 높아지지만 실패하면 수치심을 느끼는 시기이다.

3단계인 5~7세 아이들은 모든 것을 자신이 주도적으로 하려고 하고 성공하면 성취감을 느끼지만 잘못하거나 실패하면 자신의 잘못이라고 여기며 죄의식을 느낀다. 이런 감정들을 경험하면서 정서가 발달하기 때문에 7세 이전까지의 부모가 어떻게 대처하느냐는 아이의 자존감을 기르는 데 큰 영향을 끼친다.

자존감과 칭찬

아이의 자존감을 길러줄 수 있는 간단하면서도 효과적인 방법이 있다. 냉장고 앞에 아이의 장점을 적어서 붙여놓고 매일 그것을 보면서 칭찬해주는 것이다. '동생을 잘 돌본다', '책을 좋아한다', '노래를 잘한다' 등 장점을 적어놓고 계속 보는 것이다. 아이도 오가면서 그것을 보고 자신의 장점을 생각하게 되고 그것을 통해 자존감도 높아진다.

그리고 아이가 '셀프 칭찬'을 할 수 있도록 유도해보자. 자기가 잘한 것, 노력한 것 등 칭찬해야 할 내용은 자기 자신이 가장 잘 알고 있다. 항상 '나 자신을 칭찬하는 연습'을 할 수 있게 도와주자.

POINT

부모는 아이가 자신의 장점을 알고 '있는 그대로의 나'를 사랑할 수 있도록 도와준다.

자존감을 높이는 가장 좋은 방법

자존감을 높여주는 가장 좋은 방법은 칭찬이다. 그런데 무작정 칭찬해서는 효과가 없다. 자존감을 키워주는 칭찬에는 노하우가 필요하다. 자녀를 명문대에 보낸 엄마들, 교육학자, 진로상담가 등이 말하는 '자존감을 높여주는 칭찬의 공통점'은 크게 세 가지이다.

지능보다 노력을 칭찬한다

지능을 칭찬하면 심리적으로 무기력해지고 부담감을 느낄 수 있다. 노력과 과정을 칭찬해주어야 한다. 사실 아이가 천재가 아니라는 것은 부모도 아이 자신도 알고 있다. 그런데 자꾸 칭찬만 하면 완벽하게 해내지 못했을 때 크게 좌절한다. 심하면 실패할까 두려워서 어떤 일도 시도조차 못한다.

반면 노력한 과정을 칭찬하면 계속 노력하려고 한다. 부풀려서 과장되게 하는 칭찬, 진심이 아닌 칭찬은 효과가 없다. 구체적으로 현실에 맞는 칭찬을 해야 아이도 자신이 칭찬받는 이유를 납득한다. 그래야 자존감이 높아지고 발전이 있다.

구체적으로 칭찬한다

아이가 부모에게 자신이 그린 그림을 보여주었다고 하자. 이때 "잘 그렸네!"라고 칭찬하면 아이는 부모가 자기 그림을 제대로 보고 칭찬하는 것인지, 관심을 기울여 진심으로 칭찬하는 것인지를 모른다. 게다가 부모는 "잘 그렸다"라고 한 그림을 다른 사람들은 "잘 그렸다"라고 해주지 않으면 왠지 모를 실망감을 느낄 수도 있다.

반면 "색깔을 다양하게 썼네", "구도가 좋다", "아이디어가 뛰어나구나"라고 칭찬하면 어떨까? 아이는 칭찬을 진심으로 받아들이고 그다음에 그림을 그릴 때 칭찬받은 부분(장점)을 더욱 신경 써서 발전시킬 수 있을 것이다.

결과보다 과정을 칭찬한다

아이가 만든 작품이 객관적으로 보기에 완성도가 떨어진다고 하자. 그런데 이때 부모가 "잘 만들었다"라고 하면 아이는 그 말을 믿지 않을 것이다. 완성도가 떨어진다는 걸 아이가 누구보다 잘 알 테니 말이다.

반면 "테이프를 붙이는 일이 힘들었을 텐데 꼼꼼하게 잘 붙였구나", "자를 써서 반듯하게 그렸네"라고 과정을 칭찬하면 어떨까? 아이는 부모가 진심으로 자신이 노력한 걸 알아주었다고 생각해 다음에 더 잘하자는 마음이 들 것이다.

독서수업 중에 나는 지난 시간에 원고지 한 장 반밖에 못 썼던 아이가 두 장을 쓰면 꼭 놓치지 않고 칭찬해준다. 그러면 지난번에 두 장 이상 썼던 아이가 "선생님, 나는 얘보다 더 많이 썼는데 왜 칭찬 안 해줘요?"라고 묻는다. 그럴 때는 "○○는 지난번보다 많이 썼으니까 칭찬해준 거야. △△는 지난번하고 양은 똑같지만 글씨를 더 잘 썼으니까 칭찬해줄게"라고 말한다.

누가 누구보다 많이 써서 칭찬하는 것이 아니다. 어제의 나보다 오늘의 내가 나아졌을 때 하는 것이 칭찬이다. 칭찬은 남과 비교해서 하는 게 아니라는 이야기이다.

POINT

경쟁이 아니라 성장에 초점을 맞추어 칭찬해야 아이의 발전에 도움이 된다.

훈육과 자존감은 별개이다

하버드대 학생들은 지적받는 것을 두려워하지 않는다. 《0.1%의 비밀》을 쓴 저자이자 하버드대에서 15년간 학생들을 가르친 조세핀 킴 교수는 하버드대 학생들은 비판을 기다린다고 말한다. 그리고 자신의 의견을 비판한 사람에게 "Thank you"라고 말하고 그 비판의 내용을 성장의 발판으로 삼는다고 한다.

또 하버드대 학생들의 다른 특징 중 하나는 상대의 말을 듣고 나서는 반드시 "Okay"라고 한다는 것이다. 자기와 의견이 다르더라도 우선 상대방의 의견을 존중한다는 의미로 "Okay"라고 긍정한 후, 자신의 생각을 말한다. 자기 의견을 말할 때 틀리거나 잘못된 것이 아닐지 주저하지 않는다. 자기가 다른 사람의 의견을 존중하듯 상대방도 자기 의견을 존중해줄 것을 알기 때문이다.

잘못을 솔직하게 인정하지 못하는 이유

어떤 아이들은 학교에서 있었던 일을 자신의 잘못은 쏙 빼고 이야기한다. 아이의 말만 듣고 학교에 전화했다가는 얼굴이 달아오를 일이 있을지도 모른다. 선생님한테 다른 아이의 입장을 듣고 보면 오히려 내 아이의 잘못이 더 큰 일이 잦기 때문이다.

부모에게 혼날까 봐 두렵고, 잘못을 지적받으면 속상할 테고 그러면 견디기 어려울 것 같아서 아이는 자신이 한 일을 솔직하게 얘기하지 못하는 것이다. 아이는 자신이 잘못한 일이 무엇인지 알고 있지만 속상한 게 싫고 자존심 상하는 게 싫어서 잘못을 솔직하게 인정하지 않는다. 부모와 솔직하게 이야기를 나누면 잘못을 바로잡고 성장할 수 있는데 자존심 때문에 기회를 놓치고 만다.

자존감이 강한 아이는 자신의 잘못을 말하는 데 주저함이 없다. 부족한 점은 고치면 되고 그럴 능력이 자신에게 있다고 생각하기 때문이다. 자존감이 강한 아이는 힘든 일이나 고민이 생겨도 스스럼없이 도움을 청하고 해결해나간다. 애초에 자신은 힘든 일을 이겨낼 수 있는 힘이 있다고 믿는다.

훈육할 때 저지르기 쉬운 실수

아이들이 혼나는 것과 지적받는 것의 차이를 모르기 때문에 잘못을 솔직하게 말하지 못할 수 있다. 부모부터 혼내는 것과 지적하는 것의 차이를 알아야 한다.

아이들을 키우다 보면 혼내지 않을 수 없다. 그런데 이 혼내는 것에 대한 개념을 정확하게 세운 후 아이들을 혼내야 한다. '혼내다'의 사전적 의미는 '윗사람이 아랫사람의 잘못에 대해 호되게 나무라거나 벌을 주는 것'이다. 그런데 어려서 잘 모르고 한 일조차 혼난 경험이 잦으면 자신감을 잃게 되고 잘못된 일을 지적받는 것조차 피하게 된다.

혼을 낸다는 것은 훈육하기 위함이다. '훈육'은 사회적 규제나 학교의 규율과 같이 '사회적으로 명백하게 요청되는 행위나 습관을 형성시키고 발전시키는 것'을 말한다. 잘 훈육하기 위해서 다음과 같은 실수는 하면 안 된다.

첫째, 모르고 잘못된 행동을 한 것인지, 알고 잘못된 행동을 한 것인지 구분해야 한다. 모르고 했으면 용서하라는 뜻이 아니다. 왜 그렇게 행동하면 안 되는지를 알려주어야 한다. 알고도 그런 행동을 했다면 그다음은 대화를 통해 해결하는 것이 바람직하다.

둘째, 혼내는 것과 화내는 것의 차이를 알아야 한다. 혼내는 것은 행동을 교정하기 위해서 하는 것이고 화내는 것은 부모의 감정을 분출하기 위해서 하는 것이다. 혼내는 것은 일관적이지만 화내는 것은 부모의 상황에 따라 달라지기 때문에 아이에게 혼란을 줄 수 있다. 그리고 '나만의 기준으로 혼내는 것은 아닌지'를 꼭 생각해봐야 한다. 객관적으로는 그렇게 큰 잘못이 아닌데 개인적인 경험이나 기준으로 더 심하게 혼낼 수 있다. 그러므로 혼낼 때 그 기준을 자세히 들여다볼 필요가 있다.

부모는 아이가 잘못한 일에 대해서 혼을 내야 하지만 그 이후에는 잘못된 행동을 수정하고 발전할 수 있도록 해야 한다. 지적으로 끝나는 것이 아니라 더 나은 방향을 제시할 수 있어야 한다. 이때 부모가 가르쳐주는 것이 아니라 아이 스스로 해내도록 도와주어야 한다.

지적을 한 이유가 분명하고 고칠 수 있는 방향이 분명해야 지적하는 효과가 크고 의미가 있다.

실패한 아이에게 부모가 해줄 수 있는 것

자존감이 높다고 해서 실패를 두려워하지 않는 것은 아니다. 실패하고 지적받는 걸 좋아하는 사람이 어디 있겠는가. 다만 자존감이 높으면 실패를 견디고 일어나는 힘이 강하다.

서울대에 입학한 한 학생은 민사고를 준비했다 떨어지고 나서 크게 좌절했다고 한다. 그때 곁에서 부모가 해준 말은 "민사고를 준비하면서 했던 공부들이 언젠가는 빛을 발할 거야"였다. 나중에 돌이켜보니 민사고 준비하는 동안 깊이 있게 공부했던 기하학이 입시에 도움이 되었다고 한다. 또 그 실패 경험이 자신을 단단하게 만들어주었다고 말한다.

서울대 경제학부에 합격한 한 학생은 전교회장 선거에서 낙선했지만 소중한 경험이었다고 말했다. 당선되지 못했던 이유를 비교, 분석하여 잘못된 점을 찾아 다음 기회를 잡을 디딤판으로 삼았기 때문이다.

실패의 경험이 다음의 기회를 잡는 데 더 큰 자신감으로 작용할 수 있다. 실패의 원인을 찾아서 자신이 발전하는 데 보탬이 되게 만들거나 실패했지만 준비과정에서 나에게 도움이 되는 점을 찾는 등의 경험을 통해서 말이다.

특히 자녀를 명문대를 보낸 부모들의 경험담을 들어보면 실패했을 때가 자존감을 키워줄 수 있는 기회라고 입을 모아 말한다. 자존감이 가장 떨어져 있을 때 부모가 옆에서 힘을 북돋워줄 수 있으며, 아이는 그 실패 경험을 이겨냈을 때 '내가 이런 것을 이겨낼 수 있는 사람이구나', '실패했다는 것은 내가 무엇인가에 도전했기 때문이다', '이 경험을 바탕으로 다음에는 해낼 수 있다' 하고 성장하기 때문이다.

학생부종합전형에서 주의 깊게 보는 것은 결과가 아니다. 실패했더라도 그 경험으로 어떻게 달라졌고 어떻게 성장하였는지를 본다. 이것만 봐도 실패의 경험을 통해 좌절을 얻는 게 아니라 성공의 발판을 얻는다는 것을 알 수 있다. 이런 아이로 자랄 수 있도록 부모는 어떻게 했을까?

회복탄력성을 길러준다

힘든 일을 이겨내고 일어날 수 있는 힘을 심리학에서는 '회복탄력성'이라고 한다. 이는 하와이 카우아이섬의 사회심리학 연구 프로젝트에서 나온 개념이다. 빈곤과 범죄로 고통받기 쉬운 이 섬에서 태어난 833명의 아이들을 추적 관찰한 결과, 최악의 환경 속에서도 나쁜 길로 가지 않고 인생의 성공을 이뤄낸 아이들의 공통점은 절대적인 사랑을 전해준 한 사람의 '어른'(부모, 조부모, 선생님)이 있었다는 것이었다.

자녀가 실패를 성공의 발판으로 삼을 수 있게 하려면 부모는 긍정적인 소통으로 아이의 마음이 상처받지 않을 수 있는 충격흡수 장치와 스프링을 만들어주어야 한다. 회복탄력성을 길러주는 긍정적인 소통방법은 이해와 공감을 시작으로 방향을 제시하는 것이다. 아이가 힘든 일이 있을 때 "네 잘못이야", "좀 더 잘하지 그랬어", "너만 힘든 거 아니야"라고 말한다면 아이는 자책하고 자존감이 낮아질 수밖에 없다.

아이가 실패했을 때 부모는 아이의 실패에 공감해주어야 한다. "그래, 맞아. 나도 그럴 때가 있어"라고 말한다면 아이는 위로받고 자존감을 회복할 것이다. 그 후 "이렇게 해보자"라며 혼자 해결하지 말고 함께 해결해보자고 말하면 아이는 큰 힘을 얻게 된다.

자기유능감을 길러준다

자기유능감을 길러주는 가장 좋은 방법은 아이가 잘했던 경험에 대한 기억을 되살려주는 것이다. "지난번에도 이렇게 친구랑 다퉜었지만 이야기해서 풀었잖아", "지난번에 수학 문제 어렵다고 했는데 학습동영상 보고 엄마랑 같이 푸니까 풀었잖아" 하고 자신의 능력을 발휘했을 때를 떠올리게 하자.

부모는 흔히 "다른 애들은 영어단어를 하루에 100개씩 외운다는데"와 같이 말한다. 사실 이 뒤에 오는 말이 더 중요하다. "다른 애들은 영어단어를 하루에 100개씩 외운다는데 왜 넌 못 하니?"라고 하면 부정적이지만, "다른 애들이 영어단어를 하루에 100개씩 외운다는데 너도 할 수 있어"라고 하면 긍정적이다. 아이가 '나는 할 수 있다'라는 마음이 들게 해주어야 한다.

'괜찮아'라고 위로한다

2017년 고등학생 480명을 대상으로 진행한 한 설문조사에서 아이들이 부모님께 가장 듣고 싶어 하는 말 1위는 "실수해도 괜찮아"였다고 한다. 그 외에 "우린 항상 너를 믿는다", "다 잘될 거야"라는 말이 순위를 이었다. 그만큼 아이들은 실수나 실패를 두려워하지만 부모에게 위로받고 지지받고 싶다는 뜻이다.

하버드대 학생들이 부모님에게 가장 많이 듣는 말은 "Everything is going to be OK(다 잘될 거야)"라고 한다. 어릴 때부터 들었던 이 말은 항상 아이들에게 힘을 북돋워주었을 것이다. 이 말이야말로 회복탄력성을 길러주는 마법의 말이 아닐까.

'그릿'은 미국의 심리학자 안젤라 더크워스 펜실베이니아 대학교 교수가 고안해 낸 개념으로 성공과 성취를 끌어내는 데 결정적 역할을 하는 투지 또는 용기를 뜻한다. 성적의 차이를 결정짓는 것이 지능 지수만이 아니라 '그릿'이라는 심리적 특성에 의해 결정된다는 것이다. 다시 말해 장기 열정과 지구력이 있는 사람이 어려움을 극복하고 큰 목표를 이룰 수 있다는 것이다.

그릿이 있는 사람에게는 세 가지 특징이 있다. 오랫동안 좋아하는 것, 좌절 긍정 능력, 성장 마인드셋이 그것이다. 무엇인가를 오래 좋아하는 것은 '관심사와 흥미를 오래 유지할 수 있다는 것'이다.

또 좌절 긍정 능력이란 '좌절이 꼭 필요한 것이라고 생각하고 실수와 좌절은 성공을 위해 꼭 필요하다고 생각하는 능력'이다. 실수와 실패는 정상적이고 꼭 필요한 과정이며 필수 과정이라는 것이다. 실수를 긍정적으로 볼 수 있는 사람에게 그릿이 자라난다는 것이 그의 설명이다.

성장 마인드셋은 '자신이 변화하고 성장할 수 있다고 믿는 것'이다. 이것은 그릿의 밑바탕으로 '인간은 변화하고 성장하도록 디자인되어 있다'라는 확신이 필요하다는 뜻이다. 또 2년 후의 내가 지금과 같다고 가정하지 말아야 하며 이런 사람이 그릿을 가진 사람이라고 할 수 있다는 것이다.

아이들이 실패하고 실수로 인해 좌절에 빠져 있을 때 그릿에 대해 설명해주자. 그리고 마음에 와닿는 말로 용기를 주자. 그러면 아이들은 더욱 단단한 자존감을 가지게 될 것이다.

실패의 경험이 다음의 기회를 잡는 데 더 큰 자신감으로 작용할 수 있다.

Chapter 3

아이가 세운 계획이 공부머리를 이긴다

_자립심

부모가 초등학생 자녀에게 가장 바라는 것은 '자기 할 일 스스로 하기'가 아닐까. 학교 갔다가 학원 갔다 오고 숙제하면 하루가 다 가는 게 일상이었는데, 최근 코로나19로 아이들이 집에 있는 시간이 늘어나면서 '자기 할 일 스스로 하기'는 많은 부모의 간절한 바람이 되었다.
하루의 계획을 스스로 세우고 실천하는 습관은 초등학교 때 꼭 몸에 배야 한다. 또 초등학교 때만 들일 수 있는 습관이기도 하다. 하지만 습관 형성은 생각만큼 쉽지 않기 때문에 부모와 아이가 일정한 기준을 세우고 실천하는 것이 중요하다. 명문대 학생들은 어떻게 초등학교 때 바른 생활습관을 들일 수 있었을까?

공부보다 중요한 '계획'과 '습관'

초등학생 때 가장 중요한 것은 자기가 해야 할 일을 스스로 알아서 하는 습관을 기르는 것이다. 사실 공부머리를 이길 수 있는 것은 습관이다. 초등학교 때 받은 시험 성적이 입시와 직결된다고 생각하는 사람은 아무도 없을 것이다. 그러나 초등학교 때 몸에 밴 습관은 평생을 좌우한다고 해도 과언이 아니다. 자녀를 명문대에 보낸 학부모들의 인터뷰에서 공통적으로 들은 말 중 하나도, 초등학교 때부터 매일매일 해야 할 일을 적어두고 실천하는 습관을 들였더니 고등학교 때까지 이어졌다는 것이었다.

스스로 하는 습관

《초등 매일 공부의 힘》을 쓴 15년 차 교사 이은경은 초등시절에 '스스로 세운 계획은 매일의 습관으로 지켜내고 결국 목표까지도 스스로 세울 줄 아는 아이로 만드는 것'이 무엇보다 중요하며, '초등시절 단단히 다져놓은 자기 주도적 공부 습관은 평생의 무기'가 된다고 강조한다.

중학생이 되어도 자기 물건을 제대로 잘 챙기지 못하는 아이가 있고, 자기 물건을 정리하느라 다른 아이보다 준비를 늦게 마치는 아이도 있다. 이런 아이들을 검사했을 때 '작업처리속도' 항목에 문제가 있는 경우보다는 부모가 전부 도와주기 때문인 경우가 많다. 부모가 판단해 내리는 명령대로 하는 데 익숙해져버리면 아이 스스로 생각해서 결정할 기회가 줄어든다. 그게 습관이 되면 자기가 스스로 해본 적이 없어서 행동이 굼떠진다는 것이다.

그러므로 부모는 아이가 해야 할 일을 명령하기보다는 "이제 무얼 준비해야 하지?", "지금부터 할 일은 무엇이지?" 하고 물어보아 아이 스스로 생각하도록 도와주어야 한다. 아이는 자신의 일을 스스로 해나가면서 성장한다. 아이가 자신의 몫을 스스로 할 수 있는 기회를 주자.

초등학생이 매일 해야 할 일

이부자리 개기

성공하는 사람들이 공통으로 가지고 있었던 습관 중 하나는 아침에 이부자리를 개는 것이었다. 이부자리를 개면서 하루 일과를 계획하고 열심히 살 수 있는 의욕을 가지게 되는 것이다.

오늘 계획 세우기

오늘 해야 할 일을 간단하게 적는다. '원격수업 하기, 이학습터 하기, 영어숙제, 영어과외, 수학숙제, 수학학원, 운동하기, 책읽기' 정도이다. 습관이 되기 전까지는 오늘 해야 할 일만 간단하게 적고, 습관이 되면 시간과 분량을 정확하게 적는 등 디테일을 더하면 된다. 매일 해야 할 일을 적고 실천하면서 아이에게 "공부했니?"라는 질문보다 "오늘 네가 해야 할 일은 다 했니?"라고 묻는 것이 좋다.

포스트잇에 오늘 해야 할 일을 적어두고 떼면서 확인하는 것도 좋은 방법이다. 아빠, 엄마, 형, 동생의 스케줄을 한 종이에 적어서 벽에 붙여두는 것도 효과가 있다. 그렇게 하면 내 스케줄을 체크하면서 다른 사람의 스케줄도 챙겨줄 수 있다.

자기 물건 정리하기

자기 물건을 잘 정리해야 학습능률도 오르고 몸과 마음이 편안해지는 공간을 만들 수 있다. 특히 온라인 수업하기 전이나 학원가기 전에 교과서나 교재를 잘 챙겨두지 않으면 수업 중에 책이나 교재를 찾느라 시간을 허비할 수 있다.

아이와 함께 정리 기준을 정하고 그 기준에 따라 아이 스스로 정리할 수 있도록 도와주는 것이 좋다. 반드시 매일 5분이라도 시간을 내어 방과 책상을 정리하게 하자. 자기가 쓴 물건을 제자리에 놓는 연습을 꾸준히 해야 한다.

미리 챙겨두기

저녁에는 다음 날 필요한 준비물과 교과서 등을 챙겨 아침에 바로 들고 나갈 수 있도록 준비해두는 것이 좋다. 학교에 제출해야 할 과제물이나 체험학습신청서 등의 문서가 있다면 반드시 가방 안에 넣어둔다. 입고 갈 옷까지 미리 챙겨두면 아침에 허둥대지 않을 수 있다.

실제로 명문대생 중에는 초등학교 때 계획을 세우고 실천하는 습관을 들였다는 사람이 많았다. 이와 관련해서 명문대생들이 지금 초등학생들에게 해주고 싶은 말을 정리하면 '오늘에 충실하기', '바로 할 수 있는 것에 집중하기'이다.

예를 들어 계획을 너무 거창하게 세우려고 하면 계획 세우기도 힘들고 실천도 힘들다. 오늘 바로 할 수 있는 계획을 세워야 한다. 목표를 달성하지 못할까 봐 두려워서 목표를 세우지 못한다면 시작조차 힘들다. 지금 바로 해야 할 일에 초점을 맞춰 계획을 세우자.

POINT

계획 세우기의 핵심은 '오늘에 충실하기', '바로 할 수 있는 것에 집중하기'이다.

하루 계획을 세워도 잘 지키지 않는다면

매일매일 자기 할 일을 적고 실천했다면 확인하는 과정이 반드시 필요하다. 저녁에는 자신이 세운 계획을 잘 지켰는지, 수정해야 할 사항은 무엇인지, 내일은 무엇을 해야 하는지를 평가해보는 시간을 갖는다.

아이가 자립심을 기를 수 있도록 아이 스스로 하도록 둔다고 해서 '아이에게 그냥 맡기라'라는 뜻은 아니다. 두 아들이 초등학교 6학년, 3학년일 때 자기 할 일을 알아서 하는 편이라 그냥 그대로 두었더가 당황스러운 적이 몇 번 있었다.

코로나19로 가정학습만 두 달 이상 하다가 오프라인 등교를 하게 된 전날 밤이었다. 그야말로 폭풍 같은 시간이었다. 매일매일 "학습일지 썼어? 이학습터는 100%했지?"라고 말로는 확인했지만 꼼꼼하게 확인하지 않은 대가를 톡톡히 치러야 했기 때문이다. 학습일지는 마지막 검사를 한 날인 2주 전에서 멈춰 있었고, 교과서는 여기저기 비어 있었다. 분명히 매일매일 "해야 할 일은 다 했지?"라고 확인했고 "네"라고 대답했던 아이들이었다. 잘못했다며 반성하고 다시는 안 그러기로 약속하고 여러 규칙을 만들었지만, 제대로 숙제를 끝내느라 밤 12시 넘게 아이들과 함께 깨어 있어야 했다.

아이 스스로 하게 한다는 것은 내버려두라는 것이 아니라 스스로 할 수 있게 도와주어야 한다는 뜻임을 뼈저리게 깨달았다. 아직 어린 초등학생은 확인과 챙김이 필요하고 그 정도와 선은 아이에 걸맞게 설정해서 점차 줄여나가는 것이 맞다.

그리고 그날 해야 할 일을 하지 않았다면 단호하게 혼내는 일도 필요하다. 확인을 하다 보면 "이거 해야 하는 건 줄 몰랐어요", "어? 다 한 줄 알았는데, 안 했네" 같은 말을 자주 듣게 된다. 스스로 열심히 하려고 했는데 모르고 놓치는 부분들이 있을 수도 있다. 이럴 때는 해야 할 일을 분명하게 알려주고, 스스로 소리 내어 말하거나 적게 해서 자신의 것으로 만드는 과정이 필요하다. 그렇게 해서 자기가 해야 할 일임을 분명히 알면서도 하지 않았다면 단호하게 혼낼 필요가 있다.

아이가 스스로 할 때까지는 부모의 도움이 필요하다. 매일매일 검사하고 확인하며 외적 동기가 형성되면 스스로 하는 습관이 밴다. 서서히 부모의 도움을 줄이고 아이 스스로 할 수 있는 범위를 넓혀가는 데 신경 써야 한다.

아이 스스로 하게 한다는 것은 내버려두라는 것이 아니라 스스로 할 수 있게 도와주어야 한다는 뜻이다.

초등 아이도 할 수 있는 공책 정리법

2020학년도 수능 만점자 송영준 군은 한 방송에 출연해 '꿈틀 노트'라는 것을 보여주었다. '영어를 잘하려고 꿈틀거리다'라는 뜻을 담은 이 노트는 손안에 쏙 들어가는 작은 크기로 모르는 단어들을 빽빽이 적어둔 노트였다. 같이 출연했던 수능 고득점자들도 개념과 원리를 적은 노트, 요점만 정리한 노트 등을 보여주었다.

공책 정리는 명문대 학생들에게서 공통적으로 들었던 습관 중 하나이다. 학습 관련 공책뿐 아니라 생활 관련 공책도 있었고 각자의 스타일대로 정리 방법도 다양했다.

초등학생 시절부터 공책을 만들고 정리하는 습관을 들여보자.

이때 자기가 좋아하는 주제로 정리하면 습관 만들기에 좋다. 예를 들면 '수학 일기장', '궁금증 공책', '시 노트', '신문 스크랩 노트' 등이다.

수학을 좋아하는 아이들은 생활 속에서 겪게 되는 일들을 수학적으로 풀어내기를 좋아하는데 이를 정리해두는 것이다. 생일 파티 때 초대 손님의 수와 음식 개수 맞추기, 세뱃돈의 50%는 저금하고 30%는 책 사고, 20%는 장난감을 산다거나 하는 등의 계산을 적어놓는 것이다. 고학년 때는 신문이나 뉴스에서 본 내용을 적어두는 것도 좋다. 예를 들어 건물의 높이, 도시의 인구 수 등과 관련된 계산들을 해보는 것이다.

공책에 기록해두기 때문에 나중에 보면 뿌듯하고 발전하는 모습을 한눈에 볼 수 있어서 좋다. 궁금증이 생길 때마다 질문과 답을 적어놓는 공책도 좋다. 공책에 해결된 호기심을 적다가 다른 질문이 떠오르면 지적 호기심을 가지고 계속 탐구하는 습관을 가지게 되므로 좋다.

시를 좋아하는 아이는 시를 지은 것을 모아둔다거나 신문기사를 출력해서 혹은 어린이 잡지기사를 오려 붙이는 것도 도움이 된다. 특히 신문이나 과학 잡지를 구독해서 보고 정리해두는 습관은 중·고등학교 사회, 과학 과목에도 큰 도움이 된다는 것이 명문대생들의 말이다.

〈활동 기록 노트의 예〉

20**년 *월 *일

글짓기 대회 참가

과정 :

결과 :

느낀 점 :

내가 이 활동을 통해 달라진 점:

활동 자료:

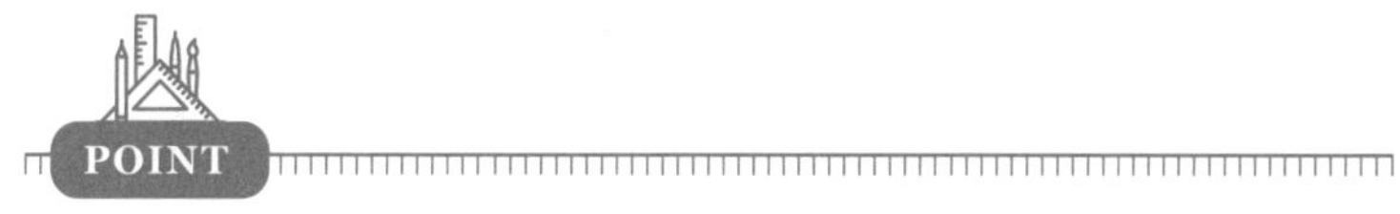

초등학교 때부터 흥미 있는 주제로 노트에 기록하는 습관을 들이면 좋다.

시간 관리는 아이에게 맡겨라

《서울대 합격생 100인의 학생부종합전형》, 《서울대 합격생 엄마표 공부법》 등에 나온 서울대 학생들의 공통점을 살펴보면 '시간 관리'를 잘했다는 것을 알 수 있다.

걸그룹에서 동시통역사로 변신한 원더걸스 혜림이 어느 텔레비전 프로그램에서 수능특집으로 강의를 했다. 스스로를 아침형 인간이라고 말한 혜림은 할 일을 오전과 오후에 고르게 배분하고 중간중간 쉬는 시간을 넣고, 밤에는 푹 쉬었다고 한다. 이외에도 기본에 충실하기 위해 지각도 절대 하지 않고 과제는 미리 했다고 한다. 이렇게 해야 어디서든 성공할 수 있다는 생각을 가지고 그렇게 행동했다는 것이다. 이런 삶의 자세로 시간을 잘 활용해서인지 지금은 다양한 분야에서 활발히 활동하는 모습을 볼 수 있다.

내가 할 일은 책임지고 하기

부모가 보기에 할 일은 태산 같이 쌓여 있는데 침대에 드러누워 휴대폰만 붙잡고 있거나 컴퓨터 앞에서 게임만 하고 있는 아이를 보면 화가 치밀어 오른다. 이럴 때 입에서 튀어나오는 말은 "너 숙제는 다 했어?", "계속 게임만 할 거야?", "도대체 공부는 언제 하니?" 등이다. 하지만 이렇게 말하면 짜증 섞인 말투로 "할 거거든!", "아까 다 했어", "아, 진짜 엄마는 만날 그래" 등의 말이 돌아온다. 부모는 다시 "8시까지 다 해놔. 검사할 거니까 알아서 해"라고 쐐기를 박는다. 하지만 크게 도움이 되지 않고 반항심만 불러일으킨다. 오히려 아이를 타율적으로 만들고 '공부=하기 싫은 것, 엄마가 강제로 시키는 것'이라는 정서를 심어주기 쉽다.

이럴 때는 "숙제는 언제 시작할 건지 정해서 알려줘", "몇 시까지 게임할 거야? 네가 정해", "오늘 해야 할 일은 뭐야? 언제 할 건지 말해줘"라는 식으로 자기가 원할 때 시작할 수 있도록 해야 한다. 그렇게 해서 아이가 그 일을 해냈다면 "너 혼자서 잘했네", "네가 해야 할 일은 네가 제일 잘 알지. 잘했을 거라고 믿어"라고 말해 자신이 해야 할 일은 자신이 책임지고 해야 한다는 것을 알려주어야 자율성을 키울 수 있다.

자유와 책임

자유가 있으면 책임이 있음을 알려주어야 한다. 나는 평소에도 아이들에게 자유와 책임에 대한 말을 많이 한다. 예를 들면 아이가 지나치게 게임을 많이 하면 이렇게 말한다.

"나는 네가 게임을 그만했으면 좋겠어. 네가 게임을 오래 하는 것은 자유지만 그렇게 게임을 많이 했을 때 네 할 일을 못하고, 시력이 나빠지고, 자세도 나빠지는 것은 네 책임이야. 이것에 대한 책임을 다 질 수 있으면 그렇게 해."

게임을 하고 시간을 마음대로 쓰는 것은 자유지만 그에 따르는 결과에 대한 책임을 온전히 스스로 질 수 있을 때만 가능하다는 것을 알려주는 것이다.

또 "나 공부 안 해", "나 학교 안 가"라는 말을 하면 나는 이렇게 말한다.

"내가 엄마로서 해야 하는 의무를 하지 않으면 어떻게 될까? 밥도 안 주고, 네가 다쳐도 병원에 데려가지 않는다면? 너는 학생인데 공부를 안 하고, 학교에 안 간다고 하는 것은 엄마가 엄마의 의무를 안 하는 것과 같아. 그리고 네가 의무를 다하지 않으면 학생으로서의 권리도 누릴 수 없어. 학교에서 선생님께 배우고, 친구들과 시간을 보내는 그런 권리들 말이야."

권리를 누리기 위해서는 의무를 다해야 한다는 것, 자유를 누리기 위해서는 책임도 질 수 있어야 한다는 것을 알게 되면 자신의 행동에 대해 돌아보고 자신의 인생을 좀 더 자율적으로 살게 될 거라 생각한다.

시간 관리를 잘하려면 하루 단위 계획 세우기부터 일주일, 한 달, 일 년 단위의 계획을 세워서 아이가 지금 해야 할 일이 무엇인지 생각해보는 방법도 있다. 연령, 성향, 시기, 일정 등을 고려해서 구체적으로 세워보자. 실천 가능한 수준의 계획을 세워서 실천하고, 계획대로 되지 않더라도 수정해가면서 실천율을 높여가면 된다.

자신이 해야 할 일은 자신이 책임지고 해야 한다는 것, 자유를 누리기 위해서는 책임도 질 수 있어야 한다는 것을 알려준다.

공부 계획을 세울 때 가장 중요한 능력

'상위 0.1%에 속하는 아이들은 다른 아이들과 어떤 점이 다를까?'라는 질문에서 시작한 다큐멘터리가 있다. EBS다큐멘터리 〈학교란 무엇인가 - 상위 0.1%의 비밀〉이다. 제작진은 당시 5만 7,000명가량 됐던 고등학교 1학년 학생 중에서 전국 모의고사 석차 0.1%에 해당하는 아이들 800명과 그렇지 않은 아이들 700명을 비교해 보았다. 이들의 차이점이 아이큐, 성격, 부모님의 학력, 소득 면에서 명백하게 나타났다면 아주 쉬웠을 것이다. 그러나 가장 큰 차이점은 '메타인지'에서 나타났다.

내가 아는 것과 모르는 것을 파악하는 능력

메타인지란 내가 아는 것과 모르는 것을 파악하는 능력이다. 즉 자신의 인지과정을 인지하는 것으로 '인식에 대한 인식', '생각에 대한 생각'이라 할 수 있다.

인지심리학자 김경일 교수는 메타인지를 다음의 예로 쉽게 설명한다. 당신은 어떤 질문에 '네' 또는 '아니오'로만 대답할 수 있다. 최대한 빨리 대답해야 한다. 첫 번째 질문은 "대한민국의 수도가 어디인지 아시나요?"이다. 그러면 대부분의 사람들이 "네"라고 대답한다. 그리고 다음 질문은 "과테말라에서 열한 번째로 큰 도시를 아시나요?"이다. 이 질문에 많은 사람이 아주 빠르게 "아니오"라고 대답한다.

컴퓨터는 내부 시스템이나 하드디스크를 일일이 확인한 후에야 대답하는데, 인간은 어떤 것은 알고 어떤 것은 모르는지를 1초도 안 돼서 대답할 수 있다는 것이다. 이것이 바로 메타인지이며 메타인지를 잘 활용하는 사람이 더 큰 가능성을 갖게 된다는 것이다.

상위 0.1%의 학생들을 관찰해보니 메타인지가 뛰어났다. 그들은 스스로 문제점을 찾아내고 해결할 수 있다. 예를 들어 공부를 할 때도 내가 무엇을 모르고 무엇을 아는지 알면 효율적으로 공부할 수 있다. 자기가 모르는 것을 채우고 구체화시킬 수 있는 능력이 바로 상위 0.1%의 비밀인 것이다.

메타인지를 잘 활용하는 아이

메타인지를 이해하기 위해 리사 손 박사의 《메타인지 학습법》에 나온 예를 들어보겠다. 어떤 아이가 시험공부를 하다가 '영어가 수학보다 더 어려우니 일단 수학을 먼저 끝내고 남은 시간에 영어 공부에 집중해야지'라고 생각한다. 수학 공부를 끝낸 후 영어 공부에 집중하면서 '아까 그 단어는 다 외웠나?', '이제 완벽하게 외웠군' 하면서 스스로에게 되묻는다. 이 과정에서 아이는 메타인지 전략 두 가지를 사용하고 있다.

첫째는 스스로 평가하는 '모니터링 전략'이다. 모니터링은 자신이 가지고 있는 지식의 질과 양에 대한 평가를 스스로 하는 과정인데, 영어와 수학 중에서 먼저 공부해야 할 것이 무엇인지를 결정한 것이다. 이것은 마치 거울을 보는 것처럼 자기 자신을 보고 평가한 것이다.

둘째는 '컨트롤'이다. 모니터링 후 짧은 시간에 끝낼 수 있는 수학을 먼저 공부하고, 시간을 더 많이 할애해야 하는 영어를 그다음에 공부한 것이다. 이러한 선택, 즉 모니터링을 기반으로 학습 방향을 설정하는 과정이 바로 '컨트롤'이다. 모니터링과 컨트롤이 성공적으로 이루어지면 효과적으로 학습할 수 있다. 하지만 가끔 두 가지 중에 하나라도 제대로 이루어지지 않으면 학습에 실패할 가능성이 높다.

얼마 전 첫째 아이의 과외 영어 선생님한테 아이가 영어 단어를 계속 외워오지 않는다는 말을 들었다. 아이에게 물어보니 자신은 분명히 다 외웠는데 이상하게 선생님이 물어보면 기억이 안 나고 틀린다는 것이다.

리사 손 박사의 설명에 의하면 이런 상황은 모니터링과 컨트롤이 정상적으로 기능하지 않아서 일어난 현상이다. 이것은 아이의 잘못이 아니고, 자신이 무엇을 알고 무엇을 모르는지에 대한 판단을 정확하게 내리지 못해 일어난 해프닝일 뿐이라는 것이다. 모니터링에서 문제가 생기면 당연히 컨트롤도 잘할 수 없어서 자신이 잘 안다고 착각해 공부를 너무 일찍 끝내버리는 경우도 많다. 혹은 그 반대의 경우도 있을 수 있다. 셀프 테스트로 영어 단어를 외웠는지 확인하는 방법을 알려주고, 다시는 그런 일이 없기로 약속하고 마무리되었다.

중요한 것은 아이가 자신의 학습 전략을 잘 짜기 위해서 자신이 얼마나 잘 알고 있는지 모르고 있는지를 스스로 생각하고 질문하면서 파악하는 것이다. 이렇게 짠 학습 전략은 효과적인 공부와 자립심을 기르는 데 큰 도움이 된다.

내가 무엇을 모르고 무엇을 아는지 알면 효율적으로 공부할 수 있다. 자기가 모르는 것을 채우고 구체화시킬 수 있는 능력이 바로 상위 0.1%의 비밀이다.

‘혼공’도 처음엔 가르쳐줘야 한다

몇 년 전 한 방송국 프로그램에서 조남호 씨의 ‘혼공’이 화제가 되었다. 그는 서울대생 3,000명 이상을 만나면서 연구해온 자기주도학습을 강조했는데 학원주도학습과 부모주도학습이 아닌 자기주도학습이 되게 하는 방법들을 소개해서 큰 공감을 샀다.

‘혼공’에서 중요한 것 세 가지

학습(學習)이란 배울 학과 익힐 습인데 학원에 다니게 되면 배우기는 하지만 익히지는 못하는 반쪽자리 공부가 된다는 것이다. 그러므로 학원에 다니느라 혹은 부모가 시켜주는 공부에 의존하는 것이 아니라 자기 스스로 공부하는 것이 반드시 필요하다는 얘기였다. 특히 그가 말한 혼자 공부하는 '혼공' 시스템에서 중요한 것 중 세 가지를 꼽아보았다.

첫째는 '분량계획표'다. 그는 시간을 기준으로 세우는 계획표가 아닌 분량을 기준으로 세우는 계획표를 권했다. 예를 들어 오늘 '수학 1시간 공부'가 아니라 '최상위 수학 문제집 32쪽, 33쪽 풀기' 등으로 분량을 정하는 것이다. 1시간 동안 자리에 앉아서 어디까지, 얼마나 해야 할지 모르는 공부를 하느라 시간만 보내는 것보다 꼭 해야 할 만큼의 양을 정해놓으면 짧은 시간에 집중해서 그 양을 끝낼 수 있다는 것이다.

계획을 짤 때 위클리 플래너를 이용하면 일주일 동안 어떤 것을 계획하고 실천했는지를 한눈에 볼 수 있어 좋다. 수정할 부분을 바로바로 체크하고 일주일의 성취를 보고 보람을 느낄 수 있다.

둘째는 '실천한 후에는 죄책감 없는 휴식을 하는 것'이다. 분량계획표를 세워서 할 일을 다 한 후에는 하고 싶은 것을 하면서 스트레스를 풀게 한다. 이때 다이어리를 꾸미든 게임을 하든 아이돌 굿즈 검색을 하든 내버려둔다. 그래야 아이가 실천한 것에 대해 보상을 받는다고 느끼기 때문이다.

명문대생들은 저마다 쉴 때 제대로 쉬는 자신만의 방법이 있었다. 공통적으로 명문대생들은 쉴 때는 제대로 쉬었다. 다이어트를 하는 사람들 사이에서는 '치팅데이'라는 것이 있어서 다이어트를 하다가도 먹고 싶은 것을 마음껏 먹는 날을 정해놓고 스트레스를 푼다고 하는데, 공부하는 사람들에게도 이런 날이 있어야 다시 스스로 공부할 수 있는 마음이 든다. 아이가 자기 할 일을 다 마쳤다면 아이가 하고 싶은 것을 하며 놀게 두자.

셋째는 혼자 공부하는 노하우로 '왜?'라는 질문을 통해 공부하는 법을 알려주었다. 예를 들어 수학공부를 하더라도 '왜? 이 공식이 만들어졌지?' 하고 묻고, 문제가 틀렸으면 '왜 이 문제를 틀렸지?' 하고 묻는다. 그러면서 문제를 분석하고 파고들어가는 것이다.

간단한 것 같지만 '왜?'를 붙이느냐 안 붙이느냐로 큰 차이가 발생한다. 사실 틀린 문제를 대충 훑어보고 아는 것 같으면 그냥 넘어가기 십상이다. 그런데 '왜?'라고 질문하며 파고들면 무엇을 공부해야 하는지를 명확히 알 수 있다.

스스로 공부하는 습관

혼자 공부하는 자기주도학습이 몸에 밸 수 있도록 부모가 도와주어야 한다. 초등 저학년 때 부모가 100을 도와주었다면 고학년으로 갈수록 아이에게 서서히 100을 넘기는 방식으로 가야 한다. 그래서 중학교 때는 완전히 혼자 공부하는 방법을 터득할 수 있도록 한다.

자기주도학습을 정확하게 정의하면 '부모의 도움을 받아 아이가 자기가 해야 하는 공부를 스스로 해내는 것'이라 할 수 있다. 여기에서 주의해야 할 점은 부모는 공부의 방향을 제시하고 학습방법을 가르쳐주는 데 그쳐야 한다는 것이다.

부모가 개입하는 것을 '직접 가르치는 것'으로 오해하면 안 된다. 부모가 하루 몇 장 혹은 하루 몇 시간이라는 공부 스케줄을 정해두고 나눗셈, 곱셈하는 법을 알려주는 것은 부모가 선생님이 되는 것이다. 이렇게 공부 내용을 알려주는 것이라면 학원이나 과외 선생님에게 맡기는 것이 낫다. 이런 식의 공부는 초등학교 고학년만 되도 힘을 잃는다. 학습 내용이 점점 어려워져 부모 힘으로 이끌어갈 수도 없을뿐더러 부모의 직업이 선생님도 아닌데 왜 과외를 하고 있어야 하는지 회의가 들 것이다. 아이를 가르치다가 아이와의 관계가 완전히 틀어진 경우도 적지 않게 보았다.

나 역시 코로나19로 아이를 학원에 보내지 못해 직접 공부시키던 시간이 있었는데, 초등학교 고학년 수학을 기억해내서 그것을 아이가 이해하도록 가르친다는 것은 엄청난 인내가 필요한 일이었다. 부모의 역할은 아이가 스스로 공부할 수 있도록 도와주는 것임을 명심하자. 아인슈타인은 "교육이란 배운 것을 다 잊어버리고 난

후에 남는 그 무엇이다"라고 하였다. 자기가 스스로 공부한 것은 잊히지 않고 자기에게 남을 것이다.

POINT

자기주도학습은 '부모의 도움을 받아 아이가 자기가 해야 하는 공부를 스스로 해내는 것'이다. 부모는 공부의 방향을 제시하고 학습방법을 가르쳐 주는 데 그쳐야 한다.

예습보다 복습이 먼저이다

"복습이 예습보다 15배는 중요한 것 같아요", "복습을 하면 완전히 내 것으로 만들 수 있어요", "배운 후 바로 복습하게 되면 시간이 단축되면서 더 이해가 잘돼요" 등 많은 명문대생이 가장 중요한 학습 방법으로 '복습'을 꼽는다.

예습이나 선행학습의 경우는 학자, 부모, 학생마다 의견이 갈리는 편이다. 예습이 꼭 필요하지 않다는 사람도 있고, 선행학습이 오히려 독이 된다는 사람도 있고, 어떤 공부를 해야 하는지 훑어보는 정도의 예습이 도움이 된다는 사람도 있다. 여러 의견이 있지만 '복습'이 중요하다는 데에는 이견이 없다.

고려대 교육학과에 다니는 한 학생은 고등학교 쉬는 시간에는 늘 그전 수업시간에 배웠던 내용을 다시 필기했다고 한다. 배운 내용을 정리하면서, 이해되지 않았던 내용이 있으면 선생님께 질문하거나 천천히 훑어보았다는 것이다.

다른 학생들이 권한 방법 중에는 교과서나 필기를 보지 않고 배운 내용을 떠올리는 방법도 있다. 수업이 끝나자마자 기억을 되살리면 많은 양을 떠올릴 수 있고, 모르는 것과 아는 것을 정확하게 구분해서 모르는 것 없이 기억해놓을 수 있다는 것이다. 배운 것을 다시 기억해내거나 적어놓으면 아무것도 안 했을 때보다 기억에 남는 양이 2~3배는 많다.

명문대생들이 권한 복습 방법 중 하나는 5회독, 10회독과 같이 '배웠던 것을 반복해 읽기'이다. 실제로 이 방법은 단시간에 성적이 오른 학생들이 많이 썼던 방법이기 때문에 신빙성이 있다. 에빙하우스의 망각곡선에 따르면 학습 후 1시간 뒤에는 50%, 한 달 뒤에는 80%를 잊어버린다고 한다. 그러나 학습 후 바로 공부를 하면 그 횟수가 느는 만큼 기억하는 양이 훨씬 늘어나는 것을 알 수 있다. 반복하면 장기기억으로 남는 것이다. 상위 0.1%의 고등학생들은 성적이 떨어지면 혼자 공부하는 시간을 늘리는데, 이때 자기가 쓴 필기를 보고 공부하고, 틀린 문제를 풀면서 공부한다. 복습을 하는 것이다.

고등학생들에게나 어울리는 방법 같겠지만 사실 초등학교 때부터 이런 습관을 들여놓으면 나중에는 복습이 자연스럽게 몸에 배어 스트레스 받지 않고 공부할 수 있다. 초등학생의 경우, 쉬는 시간마다 복습하는 것이 어려울 수 있다. 그날 학교에서 배운 것을 집에 와서 간단히 정리해보거나 문제집, 머릿속에 떠올리기 등의 방법으로 복습해보자. 요즘은 학교에 가지 않고 집에서 이학습터에서 배운 내용을 매일 공책에 정리해놓는 '학습일지'를 쓰는 경우가 많은데, 이때 제목만 적지 말고 내용을 보다 꼼꼼히 적도록 하자.

학습 후 바로 공부를 하면 그 횟수가 느는 만큼 기억하는 양이 훨씬 늘어난다.

독서의 중요성은 아무리 강조해도 부족하다

학습전문가 임작가는 약 3,900명의 부모에게 자녀교육에 독서가 중요한지를 물었는데 87%의 부모가 그렇다고 답했다고 한다. 독서가 그렇게 중요하지 않다고 답한 부모는 2%에 불과했다. 또 공신으로 유명한 강성태 대표가 공신들을 대상으로 인터뷰했을 때 많은 학생이 어릴 때 책을 많이 안 읽은 것을 후회했다고 한다.

자녀를 명문대에 보낸 부모에게 '제일 잘했다고 생각하는 것이 무엇인가요?' 혹은 '지금 초등학생을 자녀로 둔 부모들에게 하고 싶은 말은 무엇인가요?'라고 물어보면 공통적으로 강조하는 것이 '독서'이다.

책을 읽으면 문해력이 높아진다

《공부머리 독서법》을 쓴 최승필은 대치동에서 공부를 잘한다고 인정받은 학생 중에는 독해수준이 초등 5, 6학년을 벗어나지 못하는 경우도 많다고 한다. 아는 것은 많지만 중학교 수준 비문학 지문을 한 단락 이상 읽고 이해하는 능력이 떨어진다는 것이었다. 이 능력이 바로 문해력이다. 이는 초등학교 때는 똑똑했던 아이들이 갈수록 성적이 떨어지는 원인이기도 하다.

문해력은 글을 읽고 텍스트 내용을 바탕으로 문제를 해결할 수 있는 능력을 말한다. 단순히 읽고 단편적인 정보를 습득하는 문자해독력이나 독해력과 대비되는 개념의 독해능력이다. 예를 들어 로봇설명서를 보고 읽고 이해해서 로봇을 작동시킬 수 있으면 문해력이 있는 것으로 판단할 수 있다. 이런 식으로 문해력 테스트를 했을 때 우리나라 중·고등학생들의 문해력 점수가 100점 만점에 30~40점대라고 한다.

초등 우등생 가운데 중학교에 올라가서 실패하는 이유의 90%는 바로 이런 문해력이 없어서이다. 꾸준히 공부를 잘하고 다른 과목도 잘하는 공부머리를 키우려면 문해력이 받쳐줘야 한다. 이 문해력을 기르는 기본이 독서라는 것이다.

독서는 다른 과목을 아우를 수 있다

한 명문대생의 어머니는 "초등학교 때 사회과학책을 읽으면 중·고등학교 때 사회과학 공부를 따로 하지 않아도 될 정도이다"라고 했다. 한 사람의 경험이 아니라 많은 사람의 경험에서 나온 이야기이다.

실제로 사회와 과학의 교육과정을 살펴보면 초등학교 때 기본적인 개념을 배우고 중·고등학교 때는 더 깊이 있고 넓어진다. 초등학교 수준의 사회, 과학과 관련된 책을 읽어놓으면 뼈대를 만들어 놓는 것과 같다. 중·고등학교 때는 그것을 기본으로 살을 붙이면 되기 때문에 훨씬 쉽게 느껴질 수밖에 없다. 그뿐만 아니라 서술형 평가와 논술 등에서 글쓰기가 중요한데 글을 잘 쓰기 위해서도 독서는 기본이 된다.

중·고등학교에 가면 학교 공부와 다른 비교과활동을 해야 하기 때문에 여유 있게 책 읽을 시간이 초등학교에 비해 상대적으로 줄어든다. 그러므로 초등학교 때 다양한 책을 읽어두면 도움이 된다.

초등학교 고학년이 되면 발달단계상으로도 어른만큼의 인지능력을 갖추게 되므로 어려운 책도 충분히 소화할 수 있다. 아이가 흥미 있어 하는 주제이고 어휘력을 갖추었다면 초등 고학년부터는 어른들이 읽는 수준의 책을 읽혀도 좋다.

책을 좋아하는 아이가 되도록

그렇다면 어떻게 초등학교 때 책을 읽히면 좋을까? 가장 좋은 방법은 부모가 함께 책을 읽는 것이다. 자녀 세 명을 명문대에 보내고 자녀 한 명은 명문고등학교에 입학시킨《아이들은 자존감이 먼저다》의 저자 유효숙 역시 부모가 책 읽는 모습을 보여주는 것이 가장 중요하다고 강조한다. 거실에서 책을 읽고 있으면 아이들이 책을 가지고 오고, 부모가 읽는 책에 관심을 가지게 되기 때문이다. 자연스럽게 책을 접하고, 책 내용으로 이야기 나누면서 책과 가까워진다.

그 외에도 다양한 책을 체계적으로 읽히고 싶다면 다음과 같은 방법을 이용해보자.

1. 함께 서점에 가서 책 고르기
2. 책을 읽고 노트에 정리하기
3. 부모가 함께 읽고 책에 대해 이야기 나누기
4. 책장 가까이에 두기
5. 읽지 않는 책은 바로 치우기
6. 자기가 원하는 책 한 권, 부모가 권하는 책 한 권 읽기처럼 비중을 두기
7. 다양한 분야의 책 읽기

8. 주제나 관심사에 맞게 꼬리에 꼬리를 물며 책 읽기

요즘에는 전자책으로도 많이 보는데, 전자책으로 읽으면 읽는 속도는 빠르지만 독해력은 떨어진다는 연구 결과가 있다. 그러므로 종이로 된 책을 읽기를 권한다.

전 서울대학교 입학사정관이자 텔레비전 프로그램 〈공부가 뭐니〉에 패널로 참여해 얼굴을 알린 진동섭 교육 전문가의 저서《입시 설계, 초등부터 시작하라》는 "책, 책, 책! 책을 읽어야 합니다"로 시작한다. 문해력은 모든 공부의 바탕이 되고 학교생활을 비롯해 사회생활에도 없어서는 안 되는 필수역량이다. 꾸준한 독서로 문해력을 길러주자.

POINT

대학교에 가서도 독서가 뒷받침되지 않으면 수업을 받기 어렵다. 독서는 시간과 공을 들여 초등학교 때 체계적으로 하는 것이 바람직하다.

Chapter 4

엄마가 시켜서 하는 공부는 아무 쓸모없다

_성장 동기

하위권이었다가 단시간에 상위권으로 올라간 학생들의 말을 들어보면 대부분 공부해야겠다는 확실한 계기가 있었다. '누군가에게 잘 보이고 싶어서'라는 외부적 이유이든 '이렇게 살면 안 되겠다'라는 자기반성이든 말이다.

공부해야 할 이유를 알면 부스터를 단 것처럼 공부를 시작하게 된다. '어떤 행동을 하게 만드는 내적인 직접요인'을 '동기'라고 하는데 무슨 일을 하고 안 하고는 바로 이 '동기'가 있는지 없는지에 따라 달라진다.

학교에서 배우는 것들을 일상과 연결한다

"엄마, 도대체 공부는 왜 해야 돼?"

"내가 좋아하는 크리에이터는 한 달에 몇 억씩 버는데 대학도 안 다녔대. 공부 꼭 해야 되나?"

"지난번 오디션 프로그램에 나온 가수는 고등학교 다니다가 중퇴하고 가수했는데 엄청 성공했어."

아이들에게 이런 이야기를 한번쯤은 들어보았을 것이다. 이런 얘기를 들을 때면 "글쎄, 그래도 공부는 해야 하지 않을까?" 하고 약간 갸우뚱하게 된다. 그렇게 되는 이유는 이 이야기에서 '공부'의 개념이 잘못되어 있기 때문이다. 공부하는 이유가 대학 입학, 성공,

돈에만 있지 않다는 것을 확실히 해두어야 한다.

공부와 학습

공부(工夫)와 학습(學習)을 사전에서 찾아보면 모두 '기술이나 학문을 배우고 익힘'이라고 나와 있다. 그런데 우리는 '공부'라고 하면 책상 앞에 앉아서 책을 읽거나 문제집을 푸는 것만 떠올린다. 그 성공한 크리에이터가, 오디션에서 우승한 가수가 '공부'를 안 했다고 말하는 것은 학벌이나 눈에 보이는 결과만 가지고 하는 이야기이다. 그 사람이 노래든 창작물이든 어떤 것에 대해서든 '공부를 안 했다'라고 말할 수 있을까?

아이들이 저런 이야기를 할 때는 공부와 학습의 개념을 다시 알려주어야 한다. 레고 만드는 법, 게임 조작하는 법, 슬라임 만드는 법을 배우듯이, 남녀노소 가릴 것 없이 계속해서 평생을 두고 '배우고, 익히고' 있다고 말이다.

"네가 누가 가르쳐주지 않아도 스마트폰 사용법을 익혀서 편리하게 사용하듯이, 게임하는 법을 배워서 재미있게 게임하듯이, SNS의 다양한 기능을 알아서 엄마, 아빠보다 더 잘하듯이 배움은 너를 더 자유롭고 행복하게 만들어줄 거야.

그리고 너는 초등학생이기 때문에 초등학생 때 꼭 해야 하는 공부를 해야 하는데, 그것이 학교에서 배우고 있는 것들이야."

공부와 일상을 연결하기

특히 초등학생들에게는 학교에서 배우는 교과목이 아이의 삶에 꼭 필요함을 알려주는 것이 중요하다. 초등학교에서 배우는 과목들은 아이가 올바르고 행복하게 살아갈 수 있도록 도와주는 기본적인 내용으로 구성되어 있다. 배움이 나와 상관없는 것들이 아니라 나와 매우 밀접한 관계가 있음을 알려주어야 한다.

둘째 아이가 3학년일 때 '풍선로켓'이라는 실험을 한 적이 있다. 교과에 나오는 실험이었는데, 풍선에 빨대를 붙이고 거기에 실을 넣은 후 양쪽에서 잡고 있다가 풍선을 불었다 놓으면 풍선이 날아가는 간단한 실험이었다. 처음 해보는 아이는 내가 예상하지 못한 부분에서 헤매고 어려워했다. 나에게는 별것 아닌 초등학교 교과과정이 아이에게는 꼭 그 시기에 배우고 넘어가야 하는 배움의 과정인 것이다.

또 아이들이 가끔 엉뚱한 곳에서 사고를 치면서 '어? 이게 왜 이렇게 되는 거지?', '이럴 줄 몰랐어'라며 의아해할 때가 있다. 예를 들면 작은 그릇에 음식을 많이 담으려고 한다거나 컵에 물을 붓다가 쏟는 경우 등이다. 이것도 초등학교 교과과정의 무게, 들이, 부피 등과 관련이 있다.

이런 상황들은 초등학교 교과과정이 우리 생활에 얼마나 필요한지, 배움이 얼마나 도움이 되는지를 설명하기에 좋은 기회가 된다. 교과과정에 관심을 기울이고 일상생활 속에서 배운 것이 어떻게 활용되는지 알기 쉽게 설명해주자. 아이가 교과서를 학교에 두고 다녀서 교과과정을 보기 어렵다면 에듀넷의 디지털 교과서를 보면 된다.

POINT

배움이 나와 상관없는 것들이 아니라 나와 매우 밀접한 관계가 있음을 알려주어야 한다.

부모부터 '아이가 왜 공부해야 하는지' 알아야 한다

"영어공부는 왜 해야 돼? 앱으로 말만 하면 다 번역돼서 나오는데…."

"수학공부는 왜 하는지 모르겠어. 계산기가 다 해주잖아. 나보다 더 잘해."

지금은 연세가 여든이 다 되어가는 나의 아버지는 한때 주산 선생님이셨다고 한다. 지금은 주산을 쓰는 사람이 거의 없다. 아마 주산이 뭔지도 모르는 사람도 있을 것이다. 이렇게 시대가 바뀌어서 배웠던 지식이나 기술을 쓸 일이 없어지기도 한다.

하지만 주산을 쓰지 않게 되었다고 그 지식이 쓸모없어졌을까? 주산을 배우면서 아버지는 계산을 잘하게 되셨고 뇌가 발달해서 그로 인해 좋은 성적으로 학교도 다니고 공무원 시험에도 합격할 수 있었다. 아버지가 계산기가 나오기만을 기다리며 주산을 안 배웠다면, 내가 자율주행자동차가 나오기만을 기다리며 운전을 안 배웠다면 지금 어떻게 됐을까? 앱으로 번역이 되더라도, 계산기로 계산이 되더라도 중요한 것은 배움 그 자체이다. 배우면서 성장하기 때문이다.

배움으로써 성장하는 즐거움

서울대학교 기계항공공학부에 다니는 한 한생은 수학 문제를 공부할 때 당연한 듯 보이는 것도 다 증명하면서 공부했다고 한다. 교과서나 문제집에는 증명이 필요 없는 과정이라 생략하는 경우도 많았지만, 그 학생은 증명하면서 진정한 지식을 얻고 공부의 즐거움을 얻었다고 한다.

배우고 익히는 과정을 통해 성장한다는 의미를 알고 아이에게 설명해주어야 한다. '공부 동기' 이전에 '성장 동기', '내가 성장해야 하는 이유'에 대해 이야기해주는 것이다. 배우지 않으면 지금의 모습 그대로 정체되어 전혀 발전하지 못하고 오히려 뒤쳐질 것이라는 사실을 알려주자.

어떻게 보면 '공부 동기'가 더 좁은 의미이고 '성장 동기'가 더 넓은 의미라고 할 수 있다. '공부해야 하는 이유'는 지속적이지 못하지만 '성장해야 하는 이유'는 지속적일 수 있다. 또 '공부 동기'는 학생에게 국한된 것처럼 느껴지지만 '성장 동기'는 인생 전체를 두고 생각해볼 수 있다.

아이가 '공부 동기'보다 '성장 동기'를 가지도록 하려면 부모가 평소에 성장 동기 가치관을 가지고 있어야 한다. 예를 들어 아이가 시험을 못봤다고 하자. '공부'에 초점을 맞추면 '공부를 열심히 하지 않았나?'. '공부방법이 틀렸나?'를 고민하지만 '성장'에 초점을 맞추면 '이 결과를 통해서 어떤 점을 배우고 성장할 수 있을까?', '이 과정에서 어떤 것이 아이에게 도움이 됐을까?'를 고민한다.

아이가 '성장하려면 무엇을 계속 배워야 하는지'에 초점을 맞출 수 있도록 도와주자. 일상생활 속에서 성장하고 발전하면서 느끼는 즐거움을 알 수 있도록 부모가 지속적으로 지지해주자.

나의 성장 동기는 무엇인가

'동기'에는 행동을 하게 만드는 힘인 '동력'이 있다. 동력이 있어야 끊임없이 행동할 수 있다. '성장 동기'는 곧 '성장 동력'이 된다. 2010년 하버드 법대 졸업생 총 589명 중 상위 1%인 6명에게만 주어진 '수마 쿰 라우데'의 영예를 안은 최초의 한국인 박영진은 인터뷰에서 이렇게 말했다.

"나 자신의 흥미와 능력에 맞는 분야를 찾는 것이 가장 중요하다는 것을 하버드에서 배웠다. 만약 주변의 세상을 다 잊을 만큼 재미있는 것을 발견했다면 그것에 열정을 쏟아보라."

주목할 만한 단어는 역시 '동기'이다. 박영진이 말한 동기는 '자신에게 재미있는 것'이고 그는 이 동기로 동력을 갖게 되었다.

많은 전문가가 공부를 장기 레이스라고 표현한다. 개인별 차이를 인정하고 무리하지 않고 자기 페이스대로 갈 수 있는 힘이 있어야 한다는 것이다. 그 힘이 바로 자기가 좋아하는 것이고 끊임없이 배우고 싶어 하는 마음과 자세이다.

"좋아하는 일보다 오래 할 수 있는 일이 무엇인지를 생각해보라"라는 말을 들은 적이 있다. 좋아하고 잘하는 일도 좋지만 '오래'라는 기준으로 한 번 더 생각해본다면 내가 동력을 가지고 할 수 있는 일이 무엇인지 더 현명하게 선택할 수 있을 것이다.

인공지능이 기존의 기계들과 다르고 무서운 이유는 끊임없이 배우면서 성장하기 때문이다. 성장한다는 것, 성장의 가능성을 안고 있다는 것은 어떤 것보다도 커다란 무기가 된다. 그런데 '성장 동기'는 사람마다 다르다. 나의 성장 동기가 무엇인지, 아이의 성장 동기가 무엇인지에 대한 대답은 나 자신에게 묻고 찾아야 한다. '내 성장 동기는 무엇인가'를 스스로에게 끊임없이 질문해서 찾아나가는 과정 자체가 성장 동기이다. 그 과정에서 나만의 정답을 찾을 수 있고 나만의 동기는 진짜 성장을 할 수 있게 도와준다.

무엇보다 부모부터 '왜 공부해야 하는가?', '왜 성장해야 하는가?'를 스스로에게 질문하고 확실한 대답을 가지고 있는 것이 중요하다. 한 아동심리치료 전문가가 아이 공부를 할 때마다 추궁하고 다그치는 학부모에게 "어머니는 왜 공부를 해야 한다고 생각하시나요?"라고 물었더니 "공부를 못하면 무시당하잖아요."라고 대답했다고 한다. 이 엄마의 마음속에는 '공부를 못하면 무시를 당하기 때문에 공부를 열심히 해야 한다'라는 이유가 있었기 때문에, 아이가 공부를 못하면 참을 수 없이 화가 나고, 그것을 아이에게 표현했던 것이다. 부모가 '왜 공부를 해야 하는가?'에 대한 명확하고 올바른 대답을 가지고 있지 못하면 아이들을 잘못된 길로 들게 할 수 있다.

POINT

부모부터 스스로에게 왜 공부하는지를 질문해보자. 부모가 확실한 대답을 가지고 있어야 아이가 "공부는 왜 해야 되는데?"라고 물었을 때 정확하게 대답해줄 수 있다.

'보상'은 내적 동기를 위해서 사용한다

"내가 공부하면 뭐 해줄 건데? 내가 좋은 게 없잖아."

"나 수학학원 다니면 뭐 해줄 건데?"

"다른 애들은 백점 맞으면 자전거 사주고, 게임기 사주고 그러는데 엄마는 왜 그런 거 안 해줘? 그런 거 해주면 더 열심히 공부할 텐데…."

이런 말을 들으면 내 입에서 나오는 말은 뻔하다. "너 좋으라고 하는 공부인데 엄마가 왜 뭘 해줘야 돼?", "너를 위해서 하는 거니까 잘 생각해봐"라고 친절하게(?) 설명해준다. 하지만 '내적 동기'와 '외적 동기'를 이해하면 이보다 더 현명하게 대처할 수 있다.

내적 동기와 외적 동기

'내적 동기'란 '내재적 동기'라고도 하며 동기를 불러일으키는 요인이 '공부'와 같은 활동 그 자체에 있거나 '내 마음속'에 있는 것이다. '외적 동기'란 '외재적 동기'라고도 하며 공부와 같은 어떤 행동을 할 때 그 요인이 외부에 있는 것이다.

공부의 즐거움을 느끼고, 공부를 하면 어떤 점이 좋은지 진심으로 깨달아서 하는 것이 '내적 동기'인데, 초등학생밖에 안 된 아이가 내적 동기만 가지고 공부를 하는 것은 어려운 일이다. 내가 한 말을 돌아보면 "공부의 필요성을 네가 스스로 느끼고 공부해"인데, 가능성이 희박한 요구를 한 것이다. 물론 책 읽는 재미를 느끼고, 수학 문제를 푸는 즐거움을 느낄 때도 있을 것이다. 하지만 매번 그럴 수는 없지 않을까?

공부의 신 강성태 대표는 약 300명의 대학생들에게 "왜 공부했는가?"라는 질문을 했더니 1위 미래의 꿈을 위해(18.6%), 2위 지기 싫어서(16.6%), 3위 주위의 시선, 인정을 받기 위해(7.8%), 4위 배움을 통한 나의 발전(6.4%)이라고 대답했다고 한다. 잘 생각해보자. 1위는 안정된 직장, 고소득 직업 등으로 해석될 수 있기 때문에 외적 동기에 가깝고, 2, 3위도 외적 동기이다. 자부심, 만족감, 성취감, 성장의 보람 등의 내적 동기로 공부하는 아이들은 지극히 적다.

내적 동기에 의해 공부하기를 바라는 것은 부모의 이상이고, 대부분의 아이들은 외적 동기를 품고 힘든 것도 참아내며 공부한다는 것이다. 대학생들을 대상으로 한 설문조사 결과가 이런데 초등학생을 대상으로 한다면 결과는 더하지 않을까.

외적 동기도 훌륭한 동기가 된다

자녀를 명문대에 보낸 부모들도 초등학생 때 내적 동기를 가지고 열심히 공부하는 아이는 많지 않다며 부모가 다양한 방법으로 개입해 동기를 가질 수 있도록 도와주어야 한다고 말한다.

초등학생 아이는 '내적 동기'만으로 공부하기 힘들고, '외적 동기'도 필요하다는 것이 많은 전문가와 선배 부모들의 결론이다. 예를 들어 공부를 1시간 하면 게임을 30분간 할 수 있게 해준다거나 시험 100점을 받아오면 원하는 장난감을 하나 사준다거나 하는 외적 동기를 갖게 하는 외적 보상 말이다. 실제로 명문대생 인터뷰 중 한 학생은 초등학교 때 부모님이 게임시간을 1시간으로 제한하고 뭔가 잘한 일이 있을 때 보상으로 게임시간을 늘려주었는데 그것이 동기부여가 되어서 좋았다고 했다.

물론 외적 보상을 하나도 이용하지 않고도 아이가 잘한다면 가장 좋겠지만, 그렇지 않다면 공부하는 즐거움을 알려줄 때 외적 보상을 적절하게 이용해야 한다. 외적 동기를 유발하는 외적 보상을 부모가 잘 활용해서 아이가 보람이나 성취욕 같은 내적 보상을 경험할 수 있도록 하자. 그렇게 아이가 점점 내적 동기를 가지도록 도와주는 것을 목표로 하면 된다.

초등학생 때 아이가 내적 동기를 가지고 열심히 공부하는 아이는 많지 않다. 부모가 다양한 방법으로 개입해 동기를 가질 수 있도록 도와주어야 한다.

고학년부터는 '칭찬 스티커'가 통하지 않는다

아마 아이가 어릴 때 아이의 행동을 교정해주기 위해 많은 부모가 쓰는 방법이 '스티커 붙이기'일 것이다. 심부름하면 스티커 두 개, 책 읽으면 스티커 다섯 개를 붙여주고 스티커 30개가 모이면 장난감을 사준다거나 하는 보상이 있다. 학교 교실에서도 칭찬 온도계, 칭찬 스티커, 잘했을 때는 으쓱스티커, 못했을 때는 머쓱스티커 등으로 많이 활용된다. 스티커 붙이기가 바로 가장 대표적인 외적 보상이다.

그런데 아이들이 어느 정도 크고 나면 언제부턴가 스티커 붙이기를 안 하게 된다. 어느 순간 스티커 붙이기 효과가 없기 때문이다. 나는 '내면의 스티커'로 바뀐 것이라고 생각한다.

외적 보상에서 내적 보상으로

피아제의 발달심리학 이론에 의하면 구체적인 것을 보고 이해하는 단계에서 추상적인 것도 이해할 수 있는 단계로 넘어가는 것이 초등학교 3, 4학년 때이다. 저학년까지는 눈에 보이는 구체적인 스티커로 보상을 주고 효과를 얻었다면, 그 이후에는 자기 내면에 스티커가 생겨서 '이것은 옳은 일, 저것은 그른 일' 하면서 스스로 판단할 수 있게 되는 것이다.

이는 외적 보상이 내적 보상으로 바뀌는 과정이다. 외적 보상보다 내적 보상이 자신에게 더 큰 의미가 되는 것이다. 부모는 외적 보상이 내적 보상으로 바뀔 수 있도록 때에 따라 보상을 잘 활용하여 아이의 내면이 성장할 수 있도록 도와주어야 한다.

외적 동기를 내적 동기로 바꾸어주는 가장 좋은 방법 중 하나는 칭찬이다. 앞에서 설명했던 것처럼 칭찬을 통해 아이가 동기를 얻고 성취감을 느끼도록 해야 한다. "너 정말 똑똑하다"라는 지능을 칭찬하기보다 "너 정말 열심히 했구나"라며 노력을 칭찬해야 한다. 그렇게 계속 노력하고 자신의 능력을 키워나가다 보면 내면 성장을 이끌어낼 수 있게 되는 것이다.

보상 잘하는 법

상대방의 마음을 잘 읽어야 보상을 잘할 수 있다. 매번 보상하게 되면 더 큰 보상을 바라게 되어 효과가 떨어진다. 비용이 많이 드는 보상, 강도가 센 보상, 그 상황에 맞지 않는 보상을 하기 때문이다.

벌을 줄 때를 생각해보면 이해가 쉽다. 어떤 엄마가 "너 자꾸 엘리베이터 손잡이에 매달리면 게임 못 하게 할 거야"라고 했다고 하자. 엘리베이터 손잡이에 매달리는 것과 게임을 못 하게 하는 것이 도대체 무슨 연관이 있단 말인가? 이런 벌로는 아이의 마음을 설득할 수 없다. 그 엄마는 아이가 싫어하는 것으로 벌을 주면 된다고 잘못 생각한 것이다.

이럴 때는 "엘리베이터 손잡이에 매달리면 손잡이가 고장 나고 네가 위험할 수도 있기 때문에, 엄마는 다시는 네가 엘리베이터에 타게 할 수 없어. 한 번만 더 매달리면 일주일 동안 계속 계단으로 걸어 다닐 거야"라고 말하는 것이 더 효과적이다. 엘리베이터 손잡이에 매달리면 안 되는 이유를 설명해주고, 엘리베이터를 탈 수 없는 이유와 그에 상응하는 불편함이 벌이 되는 것이다. 여기에 '일주일'이라는 전제를 두어야 한다. 그렇지 않으면 언제까지 그렇게 할지 모르기 때문에 흐지부지되고 엄마의 말에 실천 가능성이 떨어지면 권위가 없어지기 때문이다.

보상도 마찬가지이다. "네가 이번 수학시험에 100점을 맞으면 너는 어떤 보상을 받고 싶니?"라고 물어본 후 함께 결정하자. 다만 실천 가능하고 많은 비용이 들지 않으며 들어주기 어려운 보상은 제외해야 한다. "네가 시험에 100점을 맞으면 휴대폰 사용시간을 하루 30분씩 일주일 더 주면 어떨까?", "평소 읽고 싶었던 만화책 한 권을 사줄까?" 등 실천 가능하고, 아이에게 효과적인 방법으로 보상이 이루어져야 한다. 외적 동기가 적절하게 주어진다면 아이는 커가면서 스스로 자기 자신만의 동기를 찾게 될 것이다.

부모는 때에 따라 보상을 잘 활용하여 아이의 내면이 성장할 수 있도록 도와주어야 한다.

선행학습은 아이의 공부 정서에 달려 있다

"오늘 할 공부 다 했어?", "게임 다 했으면 공부해야지", "휴대폰만 하지 말고 공부 좀 해라"라고 아이에게 말하면 공부의 '공'자가 시작되기도 전에 "아, 진짜", "지금 하려고 하잖아"라며 짜증내기 일쑤이리라. 이런 상황은 아이가 '공부'라는 말을 떠올렸을 때 느끼는 감정, 즉 '공부 정서'가 좋지 않기 때문이다. 공부가 즐겁다고 여기게 하는 것은 어려운 일이겠지만 '공부 생각'만 하면 짜증이 나고 화가 치밀어 오른다면 이것은 잘못된 일이다. 그렇다면 어떻게 해야 '공부'에 대한 긍정적인 정서를 심어줄 수 있을까?

긍정적인 공부 정서를 만들어준다

많은 전문가가 입시에 성공하기 위해서 '공부머리'가 필요함을 강조한다. 그런데 그보다 더 중요한 것은 '공부 정서' 혹은 '마음'이라고 말한다. 《완전학습 바이블》의 저자이자 학습전문가, 부모교육 멘토로 활동하고 있는 임작가는 '공부 정서란 공부에 관한 정서적 경험의 반복으로 인해 쌓인, 공부를 떠올릴 때 느껴지는 고착된 정서 상태'라고 한다. 공부 정서는 부모와의 상호작용, 부모와의 대화, 부모의 가이드, 부모의 피드백 등의 양육 방식에 의해 결정되며, 이로 인해 자녀의 학습 방법과 학습 동기의 수준을 결정하게 된다고 한다.

알기 쉽게 설명하면 '공부는 정서라는 바다를 인지라는 배가 항해하는 것'과 같다. 공부하기 싫은 마음이 생기면 공부가 어려워지지만 공부하고 싶은 마음이 생기면 공부가 쉽고 재미있어지고 잘하게 된다는 것이다.

그런데 이게 말처럼 쉽지만은 않다. 공부를 싫어하게 만드는 일, 공부 정서를 망치는 일은 쉽지만 긍정적인 공부 정서를 만들어주는 일은 어렵다. 그렇다면 어떻게 해야 할까?

우선 '부정적인 공부 정서 만들지 않기'로 목표를 낮춰보자. 임작가는 부정적인 공부 정서를 가지게 되는 가장 큰 이유 중 하나로 다 이해하지도 못하고 진도만 나가는 선행학습을 꼽는다. 이는 공부에 성취감을 느낄 수 없게 하고 나아가 오히려 자신감을 떨어뜨리고 공부에 대한 부정적인 정서를 갖게 한다는 것이다.

이해하지 못하고 진도만 나가는 선행학습은 오히려 '공부는 어려운 것', '나는 공부 못하는 애'라는 생각을 심어줄 수 있으므로 이런 선행학습은 얻는 것보다 잃는 것이 더 많다. 선행학습의 전제조건은 '아이가 이해하는지'가 되어야 한다. 그리고 선행학습을 통해 얻는 것이 더 많은지 잃는 것이 더 많은지 따져보고 결정해야 한다.

반대로 학습을 통해 자신감과 성취감을 얻고 성장한다는 것을 스스로 느낄 수 있다면 자연스레 긍정적인 공부 정서가 만들어진다. 나도 아이를 키워보기 전에는 조기교육에나 선행학습에 대한 막연한 거부감이 있었다. 왜냐하면 이론적으로는 아이들 정서 면에서 여러 가지로 부작용이 나타나기 때문이다.

하지만 초등학교에 다니는 아이들을 키우면서는 그런 막연한 거부감이나 근거 없는 부정적인 인식은 사라졌다. 첫째 아이는 국어, 맞춤법, 독해력을 가르쳐본 적이 없지만 맞춤법은 틀린 적이 없고 또래보다 어려운 수준의 책도 어렵지 않게 읽는다. 자연스레 다양한 과목의 책을 읽고 이해할 수 있다. 둘째 아이는 어릴 때부터 수 개념이 확실하고 계산을 잘해서 3학년 때 6학년 형의 수학 문제를 풀었다. 이렇게 아이마다 다른데 무작정 '선행학습을 해라, 마라'라고 하는 것은 의미가 없어 보인다.

책을 읽는 일이 첫째한테는 즐거움이고 성취감이 느껴지는 '긍정적인 공부 정서'를 키워주는 일이라면 수학 문제를 푸는 일이 둘째 아이한테는 '긍정적인 공부 정서'를 키워주는 일인 것이다. 아이에게 맞는 긍정적인 공부 정서를 키워줄 수 있는 일을 찾아 지지해주는 것이 중요하다. 긍정적인 공부 정서를 유지하려면 아이의 발달상황과 학습수준을 고려해 공부할 수 있도록 도와주어야 한다.

몰입의 즐거움

아이가 공부하고 싶은 순간을 잘 포착하는 것도 중요하다. 어떤 일에 몰입해 있을 때 학습할 수 있는 기회를 확장시켜주는 것이다. 축구를 좋아하는 아이에게 축구 책을 사주고, 축구이론에 대해 더 이야기 나누는 식이다. 내가 아는 어떤 아이는 초등학교 3학년 때부터 축구를 좋아했는데 다른 분야 책은 긴 책을 못 읽어도 축구 관련 책은 어른들이 보는 책도 오랜 시간 읽는 게 가능했다.

아이가 관심 있는 분야를 심도 있게 파는 것이 중요하다. 그렇게 되면 몰입하는 즐거움과 가치를 깨닫게 되고 이런 경험이 쌓여 다른 일도 몰입하게 된다. 어떤 아이는 그림을 그리는 일에, 어떤 아이는 운동에, 어떤 아이는 종이접기에 몰입한다. 몰입하는 동안은 시간 가는 줄 모르고 즐겁고 행복하다.

첫째 아이는 5학년 때 3D펜으로 6시간 동안 한두 번 밖에 안 쉬고 에펠탑을 완성했다. 이런 경험은 성취감을 주고, 배움에 대한 긍정적인 정서를 갖게 한다.

또 공부 정서를 위해 기억해야 할 것은 결과를 미리 걱정하지 않는 것이다. 결과를 걱정하는 것도 공부에 대해 부정적인 감정을 갖게 하는 원인이 된다. 〈SBS 스페셜-성적 급상승의 비밀〉에 하위권에서 성적을 올려 명문대에 합격하게 된 어느 학생의 사례가 나왔다. 그 학생은 늦게 시작한 만큼 결과가 걱정됐지만 결과보다는 오늘 해야 할 일을 계획을 세우고 그 계획을 다 지키는 것에 목표를 두었다고 한다. 그렇게 실천해야 당장은 그 결과가 보이지 않더라도 나중에는 성과를 얻을 수 있다.

결과를 걱정하기보다 가장 먼저 아이가 할 수 있는 만큼, 당장 할 수 있는 과제, 가장 쉽고 바로 할 수 있는 과제를 주자. 예를 들어 "수학 문제집 한 페이지만 풀어볼까?", "책 다섯 장만 읽어볼까?" 하는 것이다. 부모 입장에서는 답답하겠지만 이 한 번의 경험이 문제집 한두 장을 푸는 첫걸음이고 책 한 권을 읽는 첫걸음이다. 이렇게 쉬운 과제로 성취감을 맛보고 공부에 대한 즐거움을 경험함으로써 긍정적인 공부 정서를 가질 수 있다.

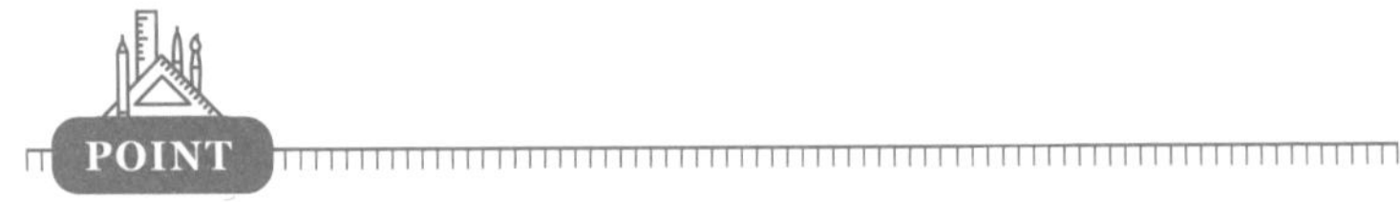

공부하기 싫은 마음이 생기면 공부가 어려워지지만 공부하고 싶은 마음이 생기면 공부가 쉽고 재미있어지고 잘하게 된다.

아이의 공부 스트레스에 대처하는 자세

아이에게 당장 할 수 있는 양만큼의 공부 과제를 주고, 좋아하는 과목을 공부하게 했는데 이것마저 거부하는 아이도 있다. 공부의 필요성을 전혀 느끼지 못하는 아이는 기다려주어야 할까? 아니면 강제로 시켜야 할까? 공부의 필요성을 느낄 때까지 기다려주는 것이 맞다.

하지만 여기서 중요한 기준은 그냥 방치하고 기다려주는 것이 아니라 학습 결손(학습공백)이 없게 하면서 기다려주어야 한다는 것이다. 아이가 공부의 필요성을 느껴서 공부를 하려고 마음을 잡더라도 성과를 얻기 위해서는 그동안의 진도를 따라잡을 수 있을 만큼의 학습이 되어 있어야 한다는 뜻이다. 초등학교 6학년이 6학년 만큼의 학습이 안 되어 있다고 한다면 다시 후행학습이 필요할 수도 있다.

공부 정서를 지켜주기 위해서 공부를 강제로 시키면 안 된다고 하면서 학습 결손을 없애기 위해서 공부는 시켜야 하니, 그 사이에서 딜레마를 겪을 수 있다. 이때 결정 기준은 '스트레스'이다. 아이가 받는 스트레스가 어떤 것이냐에 따라 부모가 공부의 양과 질을 조절할 수 있다.

스트레스에는 긍정적인 스트레스와 부정적인 스트레스가 있다. 아이가 스트레스 받을까 봐, 공부 정서를 망칠까 봐 두려워서 공부를 시키지 말라는 말이 아니다. 아이가 공부하면서 받는 스트레스를 이겨냈을 때 성취감과 학습 동기를 얻는다면 그것은 긍정적인 스트레스이다. 그 정도의 양과 질의 공부는 지속해도 좋다. 꼭 필요한 스트레스도 있다는 것을 알려주어야 한다. 하지만 아이의 스트레스가 부정적으로 작용해서 더 지치고 힘들어하고 다음으로 나아가고 싶어 하지 않는다면 공부의 양과 질을 조절할 필요가 있다.

동시에 스트레스를 견딜 수 있는 힘도 길러주어야 한다. 예를 들어 공부시간에 오래 앉아 있는 것이 스트레스라면 일어나서 쉬고 원하는 시간에 다시 공부할 수 있도록 한다든가, 단어를 몰라서 책 읽기를 어려워한다면 단어노트 만드는 법을 알려준다거나 하는 식으로 스트레스 받는 부분을 이겨내고 스스로 스트레스를 조절할 수 있도록 도와준다.

누군가에게는 분량으로 계획표를 짜는 것이 도움이 되지만 누군가에게는 시간으로 계획표를 짜는 것이 도움이 될 수도 있다. 집중력은 좋지만 오래 앉아 있는 것을 힘들어하는 아이는 적당한 분량이 끝나면 놀게 한다. 집중력이 좋지 않아서 오래 앉아 있게 하는 것이 목표라면 타이머를 이용해서 10분 동안 앉아서 문제 풀기를 하는 식으로 점차 시간을 늘려갈 수도 있다.

사람의 어떤 면이 누구에게는 장점이 되고 누구에게는 단점이 될 수 있는 것처럼 스트레스 요인도 그것을 이겨내면 긍정적인 효과를 줄 수 있다. 부정적인 스트레스 요인을 제거해서 해결할 것인지, 스트레스 요인을 받아들여 긍정적인 작용으로 해결할지를 결정해야 한다.

스트레스 상황에 대처할 수 있도록 도와줄 때 두 가지 방법을 기억하자. 문제에 입각한 코핑과 정서에 입각한 코핑이다. 예를 들어 하루에 학원 두 군데를 가는 것이 힘들다는 아이에게 학원 하나를 빼주거나 시간을 옮겨주는 것은 문제를 해결해주는 방법으로 대처하는 것이고, '오늘 학원 두 군데를 가면 내일은 안 가도 되잖아'라고 상황의 긍정적인 면을 찾아주는 것은 정서적인 방법으로 대처하는 것이다. 어떤 방법이든 아이가 최소한의 해야 할 일을 피하지 않고 해낼 수 있는 힘을 기르도록 도와주어야 한다.

공부 스트레스를 이겨내고 성취감과 학습 동기를 얻는다면 그것은 긍정적인 스트레스이다.

가장 좋은 공부법은 '내 아이에게 맞는' 공부법이다

한참 '조기교육'의 부작용이 알려지면서 전문가들이 '적기교육'을 강조했다. 적기교육이란 아이의 발달상황과 학습을 받아들일 수 있는 적절한 때를 고려하여 최대한으로 받아들일 수 있을 때 하는 교육이다. 적기는 정해져 있는 것이 아니라 아이마다 다르다는 것이 특징이다.

아동심리치료를 전공하고 20년간 수많은 초등학생과 독서토론을 하면서 깨달은 것은 '아이가 100명이면 100명 모두 다 다르다'라는 것이다. 이론이란 경험과 실제를 바탕으로 만들어지는 것이지만 그래도 그 아이에게 딱 맞는 완벽한 이론은 있을 수 없다. 그러므로 가장 좋은 적기교육은 그 아이에게 맞는 교육인 셈이다.

앞에서 언급한 '선행학습'의 개념도 이렇게 바라보아야 한다. 명문대를 보낸 부모와 학생들의 이야기를 들어보면 "선행학습은 꼭 필요해요", "중학교 때 고등학교 때 것을 미리 해놓으니까 고등학교 때 시간을 벌 수 있어서 좋았어요"라며 선행학습의 중요성을 강조하는 경우도 많다. 하지만 "1도 필요 없어요(명문대 학생의 표현 그대로)", "오히려 선행학습에 강박관념을 가질 필요는 없는 것 같아요"라며 선행학습을 강조하지 않는 경우도 많다.

내 아이의 동기 동력

정답은 아이에게 있다. 그 정답을 찾기 위해서는 아이가 어떤 기질을 가지고 있는지 아는 것이 중요하다. 흥미를 느끼고 학습을 통해 즐거움을 느낀다면 내적 동기를 가졌다는 것이고, 학습을 통해 인지적인 재미를 느낀다는 것이다. 그런데 어떤 아이는 과학 문제를 풀면서 재미를 느끼고, 어떤 아이는 국어 문제를 풀면서 재미를 느낄 것이다. 이런 차이를 알아야 아이의 학습능력을 키워줄 수 있고, 자존감도 키워줄 수 있다.

TLP 교육 디자인 대표 김지영 교수는《미래교육을 멘토링하다》에서 아이의 '동기 동력'을 찾아서 자신이 하고 싶은 일을 할 수 있도록 도와주어야 한다고 말한다. 동기 동력의 예시는 외적 보상, 안전, 도전과 변화, 타인의 인정, 성취감, 흥미, 자존감 등이 될 수 있는데 아이가 어떤 동기 동력을 가지고 있는지를 대화를 통해 알아볼 필요가 있다는 것이다.

가령 아이 성향이 주도적이고 고집이 센 편이라면 도움이 되는 방법은 권한을 위임하거나 성취에 대해 칭찬해주거나 스스로 문제를 해결하도록 해주는 것이다. 그러나 이런 아이에게 간섭이나 잔소리는 도움이 되지 않는다.

풀배터리 검사 등 아이가 어떤 것을 좋아하고 잘하는지 알 수 있는 방법은 많다. 평소 아이에게 관심을 기울이고 '언제 즐거운지', '남들보다 무엇을 잘하는지', '언제 몰두하는지', '어떤 성향인지', '어떤 감정을 자주 느끼는지' 등을 질문해보자.

답은 '나'에게 있다

아이가 자신에 대해 알아가는 것 또한 중요하다. 예를 들어 '나는 어떻게 공부해야 잘되지?', '나는 언제 공부가 잘되지?' 하고 질문하며 나의 사고과정에 대해 생각해보는 것이다.

'아이를 서울대에 보낸 부모가 20년간 정리한 공부자극 말습관'을 소개한 《말투를 바꿨더니 아이가 공부를 시작합니다》에 실린 내용을 잠깐 소개하고자 한다. 수업을 마친 아이에게 아이의 학습 내용에 관련한 다음과 같이 질문하면 아이의 학습 관련 메타인지가 높아진다.

"수업에서 새로 알게 된 게 뭐야?"
"이미 알고 있던 내용은 뭐야?"
"가장 어려운 것은 뭐였어?"
"이해가 잘 되는 내용은 뭐지?"
"네가 더 공부해야 하는 건 뭐지?"

공부 방법에 대한 질문은 다음과 같이 할 수 있다.

"너의 공부법 중에서 가장 효율적인 것은 뭘까?"
"어떻게 하면 집중이 더 잘돼?"
"어떤 경우에 시간만 낭비하게 돼?"
"그 어려운 문제를 어떻게 맞혔어? 설명 좀 해줘."
"어떤 방법으로 복습해야 할까?"
"어떻게 해야 암기가 잘될까?"

이런 질문을 한꺼번에 해서도, 즉답을 원해서도 안 된다. 이런 질문을 생활 속에서 던지고 스스로 답하면서 효율적인 자신만의 공부법을 익힐 수 있고, 공부동력이 될 수 있다.

이런 질문을 하면 아이들은 '나는 조용한 음악을 들으면 집중력이 좋아진다', '나는 배부르면(혹은 배고프면) 아무 생각도 안 난다', '나는 책이 길어지면 집중력이 떨어진다', '나는 밤에 공부하는 게 더 잘된다' 하고 대답하며 자신에 대해 알아갈 수 있게 된다. 그러면 자신의 장단점을 파악하고 자신에게 딱 맞는 방법을 찾아나갈 수 있게 되는 것이다.

많은 부모가 '음악을 틀어놓고 공부하면 집중이 잘 안 되지 않을까?' 하며 걱정한다. 이는 자신의 기준에 맞는 방법이 가장 좋은 방법이라고 착각하는 것이다. 아이에게는 아이에게 맞는 방법이 있다. 부모의 역할은 아이가 그 방법을 찾을 수 있게 도와주는 것이다.

POINT

세상에서 가장 좋은 방법은 자신에게 맞는 방법이고 아이가 그 방법을 찾아갈 수 있도록 도와주어야 하는 것이 부모의 역할이다.

아이에게 쉬는 것 외에 취미활동이 필요한 이유

2020년 10월 안양예고 1, 2학년 579명을 대상으로 생활습관에 대해 설문한 결과, 감염증(코로나19)으로 비대면 수업이 확대되면서 고등학생 10명 중 6명꼴로 생활습관이 나빠졌다고 대답했다. 코로나19 이전의 생활습관을 10점 만점으로 봤을 때 8~9점으로 평가했지만 코로나19 이후에는 2~4점으로 낮게 평가한 것이다.

가장 달라진 생활습관 두 개를 선택하라는 설문에 '규칙적으로 생활하지 않고 늦잠을 많이 잔다'는 답이 26.9%로 가장 많았다. '무기력하게 보내는 시간이 많아졌다'(20.4%), '인터넷 검색 및 게임으로 보내는 시간이 많아졌다'(12.7%) 등 전체 응답자의 60%가

생활 습관이 부정적으로 변했다고 답했다. 초등학생들 역시 생활 습관이 나빠진 것은 통계를 보지 않아도 알 수 있다.

생활습관을 망치는 무기력

생활습관이 나빠지면 스트레스가 심해지고 마음 조절이 어려워지며 우울증이 생길 수도 있다. 이때 우울증의 원인은 바로 '무기력'이다. 꼭 해야 할 일들이 없어지고 외출이 줄어들고 사회생활이라 할 만한 친구관계가 거의 없어지다 보니 아이들이 점점 무기력해지는 것이다. 침대에 드러누워 휴대폰만 본다거나 게임만 한다거나 아무 생각 없이 TV채널만 돌리는 것은 무기력 증상이다. 아마 부모들도 이런 경험이 있어서 어떤 상태인지 알 것이다.

심리학적으로 무기력은 '자발성이 없는 상태'를 말한다. '공부해야 하는데 하기 싫다', '할 일은 많은데 움직이기 싫다', '책상 앞에 앉기 싫다' 하는 마음이 든다면 은밀한 무기력증에 빠져 있는 상태일 수도 있다.

아이들이 무기력증에 빠지지 않게 하려면 인간을 움직이는 네 가지 엔진인 동기, 인지, 정서, 행동이 제 기능을 하도록 해야 한다. 동기는 어떤 일을 하고자 하는 의욕이고, 인지는 생각하고 정보를 받아들이는 방식으로 여기서는 자존감이나 열등감 등을 들 수 있고, 정서는 마음이 외부에 반응하는 결과이고, 행동은 실행하고 움직이는 모든 것을 말한다. 이 중 하나라도 작동하지 못한다면 사람이 제 기능을 발휘하지 못하게 되는 것이다.

무기력 극복은 행동력

동기, 인지, 정서는 앞서 언급했으므로 여기서는 '행동'에 대해 설명해보겠다. 행동이란 이것저것 핑계 대지 않고 할 수 있는 것을 곧바로 실행에 옮기는 것이다. 이 '행동'에 무기력을 극복할 수 있는 열쇠가 있다.

예를 들어 휴대폰을 보고 있다고 해보자. 이때 휴대폰을 내려놓는 행동, 텔레비전을 끄는 행동 자체만으로도 무기력을 극복하는 첫걸음이 된다. 그 행동을 시작으로 책을 집거나 장소를 옮겨서 해야 할 일을 한다. 이런 과정이 무기력을 극복하게 만든다.

학생부종합전형은 교과와 비교과 활동을 다 잘해야 해서 힘들다고들 한다. 맞는 말이다. 그런데 서울대에 학생부종합전형으로 합격한 학생들의 공통점을 살펴보면 활동 그 자체에서 활력을 얻는 경우가 많았다. 예를 들어 2시간의 자유시간이 주어지면 2시간 동안 자거나 휴대폰으로 의미 없는 영상을 보고 머리를 비우는 것이 아니라 자신만의 취미생활을 하는 것으로 쉼을 얻는 것이다.

이것이 휴식이 될 수 있는 것은 똑같은 활동이라도 '재미'라는 동기가 부여되면 에너지가 10분의 1밖에 들지 않기 때문이다. 재미없고 싫은 활동은 에너지를 더 많이 소모할 뿐 아니라 지루해서 시간이 늦게 간다.

'이 활동은 스펙을 만들려고 하는 거야' 하고 활동하는 것과 '이 활동 재미있을 것 같으니 한번 해봐야지' 하고 활동하는 것은 큰 차이가 있다. 한 서울대 합격생은 고등학교 3년 내내 매일 축구나 농구를 3시간씩 했다고 한다. 이 학생은 이렇게 얻은 에너지로 고등학교 3년 동안 60개가 넘는 교내 대회에서 수상하고 내신도 최상위권을 유지했다. 진심으로 자기가 원해서 하는 활동은 에너지를 준다. 활동을 통해 활력을 얻고 무기력을 극복하는 것이 명문대생들이 가진 공통점이었다.

POINT

초등학교 때부터 자기가 좋아하는 취미생활을 하나 가지고 있는 것은 큰 재산이 된다.

Chapter 5

다른 관점에서 생각하게 한다

_창의성

네덜란드 과학자들이 협력하여 렘브란트처럼 그림을 그리는 인공지능 프로젝트 '넥스트 렘브란트'를 진행했다. 마이크로소프트에서 개발한 드로잉머신은 렘브란트 작품 300점 이상을 분석한 뒤 3D프린팅을 통해 마치 렘브란트가 그린 듯한 그림을 그려냈다. 렘브란트가 자주 사용한 구도, 색채, 유화의 질감까지 살려 렘브란트보다 더 렘브란트 같은 그림을 그릴 수 있었다. 언뜻 보면 진짜 렘브란트의 그림인지 아닌지 헷갈릴 정도이다.

이처럼 인간만이 할 수 있을 것 같던 예술의 영역까지 인공지능이 해내고 있으니 더 이상 컴퓨터와 인공지능이 하지 못하는 일은 없을 것이다. 그렇다면 우리 아이들에게 필요한 능력은 무엇일까? 바로 컴퓨터가 해내지 못하는 일을 해낼 수 있는 창의력이다.

“선생님이 되어 엄마에게 설명해줄래?”

공부에 관심이 있는 부모들은 ‘설명하는 방식’이 굉장히 좋은 공부법이라는 것은 잘 알 것이다. 미국 행동과학연구소 러닝 피라미드(Learning Pyramid)에 의하면 학습 내용을 듣기만 하면 24시간이 지났을 때 5%밖에 기억 못한다고 한다. 읽기는 10%, 시청각 수업은 20%, 시범강의 보기는 30%, 집단토의는 50%, 실제 해보기는 75%, 말로 설명하기는 90%를 기억한다고 한다. 기억한다는 것은 자신의 진짜 지식이 된다는 것이고 다시 말해 메타인지 능력을 높인다는 말이 된다.

모르면 설명도 못한다

정확하게 설명하기 위해서는 제대로 알아야 한다. 설명해보면 자신이 뭘 아는지 모르는지 파악하게 되고 그로 인해 메타인지도 높아진다.

고등학교 때 전교 1등과 짝이 된 적이 있다. 매 쉬는 시간이면 반 아이들이 줄을 서서 어려운 문제들을 들고 와서 궁금한 것들을 물어보았는데 그 친구는 싫은 내색 하나 없이 가르쳐주곤 했다. 그 친구는 친구들에게 가르쳐주면서 자신이 미처 생각 못했던 부분을 알게 되고, 자신의 지식을 확인하고, 안다고 생각하고 넘어갔던 부분을 다시금 짚어볼 수 있지 않았을까.

모르는 누군가에게 설명할 수 있어야 진짜 지식이다. 이렇게 진짜 지식을 쌓으면 학습 성취도가 좋아질 뿐 아니라 자신이 모르는 것과 아는 것을 정확하게 아는 능력도 길러진다.

심리학계에서 인정하는 가장 효과적인 공부법은 셀프 테스트[practice testing]이다. 방금 배운 내용에 대해서 스스로 퀴즈를 내고 답하는 것이다. 이것은 기억 속 정보를 꺼내는 것이 적극적인 노력이기 때문에 다른 학습법보다 효과적이다. 계속 머릿속에 넣기만 하면 자기 것이 되지 않지만 출력하기 시작하면 자기 것이 되는 것이다.

진정한 창의력

'동료 티칭'이라는 방식을 도입해 미네르바 상을 수상한 하버드대 물리학과의 에릭 마주르 교수는 MIT미디어 랩에서 한 실험의 결과를 보고 연구를 시작했다.

그는 실험에 참가한 대학생에게 검사 장치를 붙이고 일주일 동안 여러 활동을 할 때마다 교감신경계의 전자파동이 어떻게 변하는지를 기록했다. 교감신경계가 활성화된다는 것은 집중, 각성, 흥분, 깨어 있음, 긴장 등이 증가된다는 것을 의미한다. 교감신경계가 가장 활발하게 활동할 때는 숙제하고 공부하고 시험 볼 때이며, 잘 때도 우리 신경계는 쉬지 않고 활동한다. 그런데 TV를 볼 때와 강의를 들을 때 교감신경계는 거의 활동을 하지 않는다. 불활성의 상태, 즉 뇌가 적극적으로 집중하지 않고 있는 상태인 것이다.

그는 이 실험을 통해 강의만 들어서는 학생들이 다 안다고 할 수 없다고 보았다. 적극적으로 학습 내용에 뛰어들지 않으면 다 이해할 수 없다고 생각했다. 아무리 좋은 강의라도 말이다. 그래서 마주르 교수가 고안해낸 방법 중 하나가 학생들이 서로 토론하며 가르치게 하는 '동료 티칭'이다.

교수는 학생들이 제출한 답안을 미리 검토해 수업 시간에 다르게 대답한 친구들끼리 토론하게 하였다. 동료들의 피드백이 동기가 될 수 있다고 보고, 토론을 통해 자신의 생각을 설명하게 했다.

그렇게 함으로써 학생들이 학습주도권을 쥐도록 한 것이다. 그러자 교수가 일방적으로 설명하는 학습 방식보다 효과적이었다.

그는 "창의적 능력, 혁신적 능력이란 다른 분야의 지식을 결합할 수 있는 능력이다. 현재 지식을 완전히 새로운 것으로 응용하는 것이 진정한 의미의 학습이다"라고 했다.

설명하기, 동료 티칭, 토론의 비밀은 '관점 바꾸어보기'이다. 관점에 따라 정보의 가치와 지식을 확장하는 방법이 달라진다. 예를 들어 토론하기 위해서는 다른 의견을 가진 사람들의 생각을 알아야 하고, 상대방의 의견에 어떤 근거와 논리가 부족한지, 상대는 나의 어떤 점을 반박할 것인지 등을 생각해야 한다. 다양한 관점으로 생각하는 과정에서 창의력이 길러질 수 있다.

수업이 끝나고 나서 "오늘 배운 것은 무엇이지?" 하고 스스로 질문해보고 구체적으로 설명하며 공부해보라고 알려주자.

시와 고전을 읽었을 때 길러지는 능력

국어를 싫어하는 아이에게 "국어가 왜 싫어?"라고 물어보니 "답이 없어서"라고 대답했다. 아이의 답 속에 많은 의미가 담겨 있다. 왜냐하면 '답이 없다'는 것은 다시 말하면 '답이 여러 개일 수 있다'는 것이고, 그것은 바로 답이 창의적일 수 있으며, 이 창의성은 '은유'를 이해하는 것과 연결되기 때문이다.

은유야말로 다른 것과 다른 것을 연결하는 집합체라고 할 수 있다. 예를 들어 "내 마음은 호수요 / 그대 노 저어오오"는 비유법의 하나인 은유법을 배울 때 꼭 인용되는 시구이다. 은유는 영어로 메타포(metaphor)라고 하는데 '행동, 개념, 물체 등이 지닌 특성을 그

것과는 다르거나 상관없는 말로 대체하여 간접적이며 암시적으로 나타내는 일'을 말한다. 마음과 호수가 언뜻 아무 상관없는 것 같아 보이지만 넓고 잔잔하다는 공통점을 찾아내는 것이 창의력이라는 것이다.

서로 다른 영역에 있는 것들을 연결할 때 뇌가 활발히 움직이게 된다. 이를 세포 간에 시냅스가 형성된다고도 설명할 수 있다. 시냅스가 많이 연결될수록 뇌가 발달한다. 기억력이 좋다는 것 또한 뇌 속의 단서들을 찾아 꺼내는 것이다. 예를 들어 "수학학원에 8월 9일에 갔는데, 그날은 내 친구의 생일이라서 기억해"라는 식으로 여러 개의 연결고리를 통해 기억해내는 것이다.

흔히 우리가 말하는 '똑똑하다'도 이것과 연결된다. 똑똑하다는 것은 자기가 가지고 있는 정보를 꼭 필요할 때 꺼내서 적절하게 쓰는 것을 말하는데, 이때도 자신이 아는 정보들의 연결고리를 찾아내야 한다.

연결고리를 찾아내는 훈련으로 좋은 방법이 시를 읽는 것이다. 시를 읽는 순간 은유를 이해하기 위해 머리를 쓰게 되고 이 과정 속에서 시냅스 연결이 이루어지기 때문이다.

고전을 읽어도 우뇌가 발달한다는 연구 결과가 있다. 영국 리버풀대학교의 필립 데이비스 교수팀이 성인 30명을 상대로 셰익스피어와 윌리엄 워즈워스 같은 고전 작가들이 쓴 작품을 읽게 하고 MRI로 뇌의 활동을 관찰한 결과, 우뇌가 왕성한 활동을 보이는 것을 볼 수 있었다. 특히 복잡한 문장구조로 된 작품이나 어려운 말로 쓰인 작품을 읽을 때는 뇌가 엄청나게 활동하고 자극을 받는다는 것도 알아냈다. 고전 작품을 읽는 동안 우리 뇌가 활성화되고 동시에 창의성도 발달한다는 것이다.

오랫동안 사랑받는 고전은 복잡하고 미묘한 사람들의 마음을 은유적으로 표현한 경우가 많다. 은유가 가지고 있는 깊은 뜻이 많은 사람의 마음과 뇌를 움직이기 때문이다.

아이들에게 시를 읽히고, 고전을 읽히자. 창의성을 발달하게 하는 지름길이다. 뇌를 발달시켜서 AI도 따라하지 못할 은유 능력을 길러보자.

아이의 창의성을 막는 엄마의 말

둘째 아이가 3학년일 때 아이의 담임선생님에게서 전화 한 통을 받았다. 어떤 부모든 선생님한테 전화가 오면 '뭘 잘못한 게 아닐까?' 하고 걱정부터 들 것이다. 나도 마찬가지였다. 그런데 다행히 그런(?) 전화는 아니었다. 아이가 수학에 재능이 있는 것 같으니 영재원에 한번 지원해보면 어떻겠느냐는 내용이었다.

그래서 나와는 상관없다 여겼던 영재원 관련 정보를 찾아보고, 영재원 대비 기출문제집이라는 것도 사줘보았다. '문제들이 어려우면 어떡하지?', '풀지도 못하고 돈만 낭비하는 것 아냐?'라고 생각했지만 기우였다. 문제집에는 "귤과 닭의 공통점을 다섯 가지 이상 써보시오", "신발에 바퀴를 붙인 롤러스케이트처럼 연관성 없는 두 개를 연결해서 새로운 물건을 만들어보세요"라는 식의 문제가 있었다. 창의력이 없으면 풀기 어려운 문제였다. 다시 말하면 창의력을 길러줄 수 있는 문제였다.

실패를 편안하게 여기는 마음

에릭 마주르 교수는 '진정한 배움'은 '그들이 현재 알려져 있는 지식을 취해 이전에 해보지 않은 방식으로 적용하는 것'이라고 했다. 창의성을 기르는 것은 곧 진정으로 학습하는 방법이라고 할 수 있다. 보통 아무것도 없는 데서 새로운 것을 만들어내는 것이 창의적인 것이라고 생각하지만 사실은 여기저기 흩어져 있는 것을 잘 연결해서 새롭고 유용한 것을 창조해내는 것이 창의적인 것이다. 마치 화학기호 같다고 하는 사람도 있다.

많은 전문가가 창의성은 타고나는 것이 아니라 여러 가지 습관을 통해서 길러진다고 한다. 생활 속에서 다양한 사실과 사물의 연결고리를 찾아내어 새로운 것을 창조하는 습관을 기르도록 하자.

평소 아이가 이야기할 때 "그게 무슨 말도 안 되는 소리야?", "그건 너무 현실에서 벗어난 얘기 아니니?"라고 할 때가 있다. 또 가끔 일어날 것 같지도 않은 일을 상상해서 말하거나 일어날 확률이 매우 적은 상황을 예로 들어서 힘들게 만들기도 한다. 하지만 왜 그렇게 말했는지 아이의 생각을 들어주는 것만으로도 창의성을 기르는 데 도움이 된다.

실패를 편안하게 여기는 마음은 창의성을 기르는 데 도움이 된다. 발명가나 예술가가 가만히 앉아서 단 한 번의 시도로 완벽한 발명품이나 예술작품을 만들어놓은 것이 아니다. 사실 창의성은 실패로 가득한 것이다. 실패를 학습의 기회로 삼는 것이 매우 중요하다. 초등학생 때 아이의 모든 행동에서 창의성을 기를 수 있도록 엉뚱한 생각을 지지하고 들어주자.

스스로 생각하는 과정

아이가 틀린 것 같은 말을 해도 이유를 물어보는 습관을 가지자. 문제집을 풀고 틀렸더라도 왜 그렇게 답을 썼는지 물어보자. 엉뚱한 것이 창의적인 것이다. 엉뚱한 생각 같아 보였는데 다른 사람은 생각하지도 못한 방식으로 연결할 수도 있다.

둘째 아이가 수학학원 온라인 수업을 하는 내내 불만이 있는 듯한 태도를 보인 적이 있다. 화가 난 이유를 물어보니 "나는 이렇게 풀었는데, 선생님이 푸는 방식만 가르쳐줘. 이렇게 풀어도 답이 나왔는데, 이 방법이 맞는지는 물어볼 수 없잖아"라고 했다.

아무래도 여러 명을 데리고 하는 학원수업인 데다 오프라인 수업이 아니다 보니 질문을 받고 대답해주는 데만도 시간이 빠듯해 보였다. 그래서 지금은 하나의 문제를 풀더라도 다양한 풀이방법을 생각하고 다른 문제도 응용할 수 있도록, 아이가 푸는 방법을 들어주고 함께 생각할 수 있는 과외 선생님을 구해 수업하고 있다.

창의성을 위해 간과해서 안 되는 것은 '생각하는 과정'이다. 많은 전문가가 '아이에게 스스로 생각할 시간을 주는 게 창의성을 높이는 중요한 방법'이라고 말한다. 그런데 많은 부모가 '속도'에 갇혀 많은 문제를 풀고, 많은 양의 공부를 해야 안심한다. 결과적으로 많은 수의 문제를 풀고 많은 양의 책을 마스터했을 때 공부를 많이 했다고 착각하는 것이다. 하지만 아이들에게 필요한 것은 다양하게 생각할 수 있는 시간이다.

POINT

우리가 잘 알고 있는 전래동화 〈토끼와 거북이〉에 나오는 속도 빠른 토끼와 꾸준히 한 거북이의 이야기를 잘 생각해보자.

생각해야 답할 수 있는 질문을 자주 던져라

영향력 있는 기업, 정치, 문화, 언론, 예술 분야에서 유대인이 활약하고 있는 것은 모두 잘 알고 있다. 유대인의 교육에서 유심히 보아야 하는 것은 질문이다.

유대인이 2000년 동안 나라를 잃고 떠돌아다니면서 터득한 가장 중요한 것은 부동산이나 재산이 아니었다. 쫓겨나서 어디를 가더라도 가지고 있을 수 있는 '머릿속의 지식'이 가장 중요하다고 생각했다.

특히 어느 한 곳에서 중요했던 지식이 다른 곳에서는 필요 없는 지식이 된다는 것을 깨달은 이들은 '어떤 것에 대한 지식'이 아니라 '생각해내는 방법'이 중요하다는 것을 알았다. 무엇을 생각하느냐가 중요한 것이 아니고 어떻게 생각하느냐가 중요한 것이다. 이들이 생각해 내는 방법, 생각하는 힘을 기르기 위해서 선택한 방법은 끊임없이 질문하는 것이었다. 혼자서 스승의 지식을 비판 없이 수용하는 것이 아니라 스승의 관점에서 계속 질문하도록 교육받고 훈련한 것이다.

질문의 효과

유대인은 사물을 다른 각도에서 보려고 노력한다. '히브리'라는 말에는 '또 다른 한 편에 선다'라는 뜻도 있다. 다른 각도에 서면 질문을 많이 하게 된다.

아이들과 대화할 때도 질문에 대답하려고 애쓰기보다 아이는 어떻게 생각하는지를 물어보며 질문이 꼬리에 꼬리를 물도록 질문 릴레이를 하자. 예를 들어 "왜 그런 생각을 했어?", "너는 어떻게 생각해?" 하는 질문으로 아이의 생각을 끌어내고, 계속된 질문으로 그 상황에 대해 깊이 있게 생각할 수 있도록 만드는 것이다.

예전 엄마들은 "학교 가서 선생님 말씀 잘 들어. 선생님이 시키는 대로 해"라고 당부했을 것이다. 유대인 엄마들은 "학교에 가면 훌륭한 선생님이 계시니까 모르는 게 있으면 꼭 물어봐야 한다. 선생님은 모르는 게 없는 훌륭한 분이시니 이것저것 질문을 많이 하렴"
하고 당부한다고 한다. 그만큼 질문의 중요성을 강조하는 것이다.

문제발견능력 기르기

지식생산자 교육과 지식 소비자 교육이 있다. 지식생산자 교육은 원천 지식과 기술을 생산해서 다른 사람들이 사용하게끔 하는 인재를 양성하는 교육이다. 지식소비자 교육은 지식생산자들의 지식을 기반으로 개발된 제품과 서비스를 사용하고 활용하는 사람을 키우는 교육이다.

남들이 만들어놓은 컴퓨터 프로그램을 사용하는 교육이 아닌 자신이 컴퓨터 프로그램을 혹은 컴퓨터를 만들어내는 지식생산자 교육을 해야 한다는 것이다. 다시 말해 문제해결능력을 기르는 교육에서 문제발견능력을 기르는 교육으로 가야 한다. 문제를 발견하고 질문을 만들어내는 아이로 자랄 수 있게 도와주어야 한다.

학창시절부터 남의 지식을 끊임없이 받아들이기만 하는 것이 아니라 자신만의 아이디어를 생산하고 문제를 발견하는 능력을 길러야 하는데, 주어진 문제를 푸는 데에만 급급하기 때문에 창의적 사고력과 비판적 사고력을 기를 기회가 없어지는 것이다.

서울대에 입학한 학생의 공부법으로 '단어노트'가 있는데 주목

할 만한 것은 '유추'였다. 모르는 단어가 나오면 그냥 찾는 것이 아니라 유추해보는 것이다. 여러 가지 단어를 유추해보는 과정에서 뇌가 발달하고 단어의 정확한 뜻을 알았을 때 더 잘 기억할 수 있게 된다. 단어의 뜻을 찾은 후에는 그 단어로 짧은 글짓기를 했다. 그러면 활용하는 것까지 완벽하게 터득할 수 있다. 단어 하나를 외우는 데에도 가지를 치고 질문을 만들어내면서 공부했다.

동료 티칭을 제안한 마주르 교수는 학생들에게 주석을 달 수 있도록 파일로 책을 제공하고 책을 읽으면서 주석에 질문과 의견을 달도록 했다. 이렇게 되면 한 가지 내용에 다양한 질문과 대답이 덧붙여질 수 있어서 그것을 함께 읽으면 한 가지 책에서 수많은 생각을 할 수 있게 된다. 학생들이 학습주도권을 가지고 자신의 두뇌를 써서 교재에 생명력을 불어넣어주는 것이다.

혼공에 대해 이야기하는 조남호 대표의 와이 공부법도 이와 같은 발상에서 나온다. 내가 공부하는 것에 대해 끊임없이 '왜?'라는 생각을 하는 것이다. 수학을 공부할 때도 '이 공식은 왜 나왔을까?'라고 질문하면서 공부하다 보면 재미도 있고 개념도 확실하게 이해할 수 있다. 가르쳐주지 않은 것까지도 알게 되어 인지적 재미까지 느낄 수 있게 된다.

논술형 대학입학 시험 바칼로레아 역시 다양한 질문을 제시함으로써 생각하게 만드는 것으로 유명하다. 여기서 제시한 질문들은 많은 사람의 관심을 끌고 생각해보게 만든다. 다음의 바칼로레아 문제를 읽고 한번 생각해보자.

'열정 없이 살 수 있는가?'
'우리는 스스로 통치할 수 있는가?'
'정치는 모두의 일인가?'
'인식은 인간을 자유롭게 하는가?'
'행복은 환상인가?'

POINT

유대인은 친구와 질문하고 답하는 '대화법'도 강조하는데 친구와 질문하고 대화를 이어가다 보면 아무리 지루한 과목도 흥미가 지속돼 문제해결능력을 키워준다는 것이다.

배운 것을 표와 그림으로 그려 정리하게 하라

서울대생 103명을 대상으로 한 설문조사 결과에 따르면 서울대생의 97%가 노트 정리를 했으며 노트 정리가 공부에 도움이 되었다고 했다. 자신이 아는 것을 나 자신에게 설명하듯이 쓰기 때문에 확실히 알 수 있게 된다. 또 나중에 다시 보면서 복습할 수도 있어 좋다는 것이다.

그런데 이렇게 서울대생들이 노트 정리를 하면서 학습에만 도움을 받은 것은 아니다. 기록하는 데에는 굉장한 뇌의 움직임이 필요하기 때문에 인지기능뿐만 아니라 창의성도 발달한다.

미국의 미술학자 베티 에드워즈가 신경과학을 바탕으로 쓴《오른쪽 두뇌로 그림 그리기》라는 책에 그 이유가 잘 설명되어 있다. 그는 인간의 두뇌가 현실을 인식하고 처리할 때 좌뇌는 언어와 분석을 담당하고, 우뇌는 시각과 지각을 담당한다고 주장했다. 생각한 것을 글로 쓰고 표나 그래프로 그림을 그려 노트 정리를 하는 것은 두 가지 뇌를 동시에 쓰게 한다는 것이다.

효과적인 노트 정리

특히 우리가 잘 알고 있는 생각을 정리해서 연결하는 '마인드맵'은 합리적 사고력과 수리적 사고력부터 상상력과 창의력까지 대뇌피질의 모든 기능을 자극해서 뇌가 가진 어마어마한 잠재력을 깨운다. 마인드맵을 만드는 과정은 언어와 이미지를 함께 이용해서 새롭고 획기적인 브레인스토밍을 할 수 있는 바탕이 된다.

자기만의 방식으로 무엇인가를 정리하고 적는 것은 뇌의 움직임을 활발하게 만든다. 아이들이 노트 정리할 때 다음과 같은 방법으로 정리하면 더 효과적이다.

첫째, 인포그래픽을 활용해 정리한다. 인포그래픽은 정보, 데이터, 지식을 시각적으로 표현한 것을 말한다. 차트나 그래픽 등을 활용하면 자신의 생각을 정리하기도 쉽고 다시 볼 때도 빠르고 쉽게 이해할 수 있다. 서울대 합격생의 노트를 보면 표를 이용하거나 자신만의 그래프를 만들어서 정리한 것을 볼 수 있다. 인포그래픽화하는 과정에서 자신이 알고 있는 것을 정리하며 다시 익히는 것이다.

둘째, 설명하면서 정리한다. 설명하는 방법이 창의성 발달에 얼마나 도움이 되는지는 앞에서 언급했다. 그런데 말로 설명하는 것뿐만 아니라 노트에 내가 생각한 것을 설명한다면 내가 알고 모르는 것을 확실하게 확인할 수 있다. 또한 내가 헷갈릴 만한 부분, 잘못 생각하고 있었던 것까지 적어놓으면 나중에 같은 실수를 반복하지 않게 된다.

셋째, 그때그때 생각나는 것을 포스트잇에 적어 노트에 덧붙인다. 질문이 생각나면 질문을 적고 답도 적어놓는 것이다. 이런 방식으로 생각하고 생각하면서 창의력이 길러지게 된다.

브레인스토밍 후 정리

바로 노트 정리를 하는 것이 힘들면 브레인스토밍 과정을 거치는 것도 도움이 된다. 예를 들어 '음악'이라는 주제에 대해 이야기할 때 가운데에 '음악'을 적고 떠오르는 대로 자유롭게 이야기 나누며 음악을 중심으로 주변에 생각들을 적는 것이다.

브레인스토밍은 회의할 때에도 사용되는데, 구성원이 자유롭게 말하게 하고 아이디어를 내도록 해서 새로운 방법을 찾아낸다. 많은 사람이 아이디어를 낼수록 좋은 아이디어를 찾아낼 수 있으며 이때 중요한 것은 서로 비판하지 않는 것이다. 혼자라도 평소에 브레인스토밍을 해서 생각하는 습관을 들이면 창의력을 기를 수 있다. 생각하지 못했던 것들을 생각해내고 그것을 정리할 수 있다.

나는 책을 읽고 잘 이해하지 못하는 아이들은 그림을 그리게 한다. 읽은 책의 내용에 대한 그림을 그려보는 것이다. 생각을 시각적으로 표현하는 연습을 하면 그것이 글로 표현되어 있을 때보다 이해하기가 더 쉬워진다.

아이들이 지식을 이해하는 과정은 '실물 - 사진 - 그림 - 기호'라고 설명할 수 있다. 예를 들어 아기가 태어나서 사과라는 '실물'을 처음 보았을 때는 사과가 무엇인지 먹는 것인지 장난감인지 알지 못한다. 그런데 사과를 깨물어 먹고, 으깨서 먹어보면서 먹는 것인지, 향은 어떤지 등을 알고 사과를 알게 되는 것이다. 그 이후에는 사과와 꼭 닮은 '사과의 사진'을 보고도 사과라는 것을 알 수 있게 되고, 이후에는 조금 다르지만 사과의 특징을 살려 표현한 '사과의 그림'을 보고 사과를 알게 된다. 이런 과정을 거쳐야 '사과'라는 글자, 즉 기호를 보고 '사과는 새콤하고 맛있고, 딱딱하고' 하면서 사과에 대해 제대로 알게 되는 것이다.

아이가 지식을 습득할 때, 예를 들어 '삼각형'이라는 글자만 보고 별로 떠오르는 게 없을 수도 있다. 삼각형을 이해하기 위해서는 삼각형을 가진 사물들의 실물을 보고 탐색한 후, 삼각형을 그려보는 과정도 거쳐야 한다. 그렇게 하면 삼각형이라는 글자만 보고도 수많은 것이 떠오르기 때문이다.

초등학생 아이에게 글만 보고 이해하라고 하는 것은 암호 해독을 하라는 것과 같다. 그 해독을 돕기 위해 그 이전 과정인 그림 그리기로 이해를 돕는 것이다. 공부한 것을 노트에 그림이나 표로 정리하는 과정은 이 원리를 이용한 것이라고 볼 수 있다.

POINT

그림을 그려보고 표로 만들어보면서 공부한 내용을 자기 것으로 풀어서 이해할 수 있다.

비판적인 사고는 자기 주관이 뚜렷하다는 반증이다

아인슈타인은 노벨물리학상을 받는 자리에서 "세상 사람들은 규칙을 지키는 것이 가장 중요한 가치라고 생각하지만, 나는 반대로 규칙을 뒤집었을 때 우리에게 가장 필요한 새로운 규칙이 탄생할 것이라고 믿는다"라고 했다.

《서울대에서는 누가 A+를 받는가》에 의하면 서울대학교의 학생 1,111명을 대상으로 질문한 결과, 서울대학교 학생들은 비판적·창의적 사고력보다 수용적 사고력이 훨씬 높았고 이는 4년을 대학에서 보낸 이후에도 달라지지 않았다.

특히 미시간대학교 교수들도 아시아 유학생들이 똑똑하고 열심히 공부하지만 자기 의견이 없고 논문을 제대로 쓰지 못한다고 말했다. 고학년으로 갈수록 시험보다 토론과 논술이 더 많은 영향을 미치기 때문에 한국 유학생들은 시간이 갈수록 더욱 어려움을 겪는다는 것이다.

논문을 쓰는 과정은 연구 주제를 찾는 1단계, 연구방법론 및 절차를 설계하는 2단계, 연구 분석 단계인 3단계, 연구 설계에 대한 절차를 수행하는 4단계, 결과를 분석하는 5단계, 해석하고 결론을 도출하는 6단계로 볼 수 있다. 그런데 미국 교수들에 따르면 이 중에서 한국 유학생들은 1단계와 6단계를 가장 못한다고 한다. 1단계와 6단계는 다른 단계와 다르게 비판적 사고력과 창의적 사고력에 기반해 연구자 자신만의 생각이 결정적으로 필요한 부분이다. 그러므로 수용적 학습만 한 학생들에게는 어려운 단계인 것이다.

비판적 사고는 부정적 사고다?

그렇다면 초등학교 때 비판적 사고를 기르기 위해서는 어떻게 해야 할까? 흔히 비판적 사고를 부정적 사고라고 생각한다. 비판은 '사물을 분석하여 각각의 의미와 가치를 인정하여 전체의 뜻과의 관계 및 논리적 기초를 밝히는 것'이다.

그러므로 아이들의 부정적인 감정, 부정적인 표현도 수용해야 한다. 어른의 생각으로는 부정적이라고 여겨지더라도 말이다. 아이들은 표현방법이 완벽하지 않아서 부정적으로 표현하는 것이지, 아이 나름의 방법으로 비판하고 있음을 염두에 두자.

비판한다는 것은 자기의 주관이 뚜렷하다는 것이다. 비판을 긍정적으로 바라볼 필요가 있다. 그런데 아이가 너무 세상을 부정적인 시각으로만 보는 것 같으면 부모 입장에서는 걱정이 되는 것이 당연하다. 하지만 아이들이 부정적인 말, 무엇인가에 대해 잘못되었다고 비판할 때 그 속을 들여다보면 생각보다 나쁜 의미가 아닐 때가 많다.

수업할 때 아이들이 "선생님, 이 책 재미없어요"라고 하면 나는 "왜 재미없어?"라고 꼭 물어본다. 그러면 "말이 안 돼요"라고 한다. 내가 "왜 말이 안 되는데?" 하면 "지금 시대에 맞지도 않고, 이런 일이 일어날 수도 없잖아요"라는 식으로 자신의 의견을 이야기한다. 자기가 읽으면서 느꼈던 감정을 그냥 '재미없다'라고 표현한 것이지 그 아이는 많은 생각을 하면서 읽었던 것이다.

글을 쓸 때도 마찬가지이다. "선생님, 진짜 이 책은 독후감 안 쓰면 안 돼요?"라고 해서 "왜?"라고 물어보면 "이 책은 진짜 이상해서요. 주인공이 정말 답답하고, 주변 인물도 이래서 이상하고, 저래서 이상해요" 등등 계속 책에 대해서 이야기한다. 그러면 나는 "그러면 왜 이상한지를 잘 생각해보고 주제를 정하면 되겠다. 주인공이 왜 답답했어?"라고 물어봐서 "주인공은 너무 다른 사람 생각대로 산 것 같아요. 나 같으면 그렇게 살지 않을 것 같아요"라는 아이의 생각을 이끌어낸다. 그렇게 해서 '지금 시대에 산다면?' 혹은 '내가 그 시대에 산다면?' 등의 주제로 글을 쓸 수 있게 된다. 이렇게 글을 쓰게 되면 자연스럽게 어떤 글보다 창의적이고 진심이 담긴 글이 된다. 그리고 이렇게 글을 쓴 후 아이들이 공통적으로 하는 말이 있다. "속이 후련하다"라는 것이다. 아이들에게 비판적인 것을 부정적으로 생각하게 만들고 있는 것은 아닌지 생각해보아야 한다.

고정관념과 가치관을 버리고 아이와 대화하기

비판적인 사고를 할 수 있게 도와주는 또 다른 방법은 부모 세대와 다름을 인정하는 것이다. 오랜 시간 어린이책을 읽고 평론을 쓰고 수업을 해왔는데, 최근 세상의 시각이 많이 달라졌음을 실감한 적이 많다.

《무지개 물고기》라는 동화책이 있다. 이 책이 처음 나왔던 1990년대부터 2000년대에 이르기까지 엄청난 인기를 끌었고, 지금까지도 많은 사람이 읽는 스테디셀러이다. 이 책의 내용은 무지개 비늘을 가진 물고기가 친구들에게 무지개 비늘을 나눠주지 않자 친구들이 놀아주지 않았고, 무지개 물고기는 결국 자신의 비늘을 친구들에게 하나씩 나누어주고 나서 친구들과 놀게 되었다는 것이다. 나눔, 배려 등을 가르쳐주는, 목적이 분명한 책이다.

하지만 요즘 부모들은 이 책을 좋게만 보지는 않는다. '왜 무지개 물고기가 비늘을 나누어주어야만 하는가?', '왜 자기 비늘을 나누어주지 않았다고 친구들이 놀아주지 않는가?'에 대해 의문을 품는 것이다. 그때는 이런 가르침이 올바르다고 생각했지만 지금은 이런 가르침이 꼭 올바르다고 생각하지는 않는다. 자기 비늘을 주지 않는다고 친구들이 놀아주지 않는 것이 바로 올바른가 하는 것이다.

시대의 흐름에 따라 가치관이 달라지고 생각이 달라지기 때문에 아이들의 비판적인 사고를 기르기 위해서는 부모가 자신의 고정관념이나 가치관을 잠시 내려놓고 아이의 생각을 자유롭게 말할 수 있는 분위기를 만들어주는 것이 중요하다.

초등학교 고학년이 되면 부모와 함께 신문이나 뉴스를 많이 접하고 이야기를 나누는 것도 중요하다. 다양한 시각으로 사회적 이슈를 읽게 되고, 근거 없는 비난이 아닌 근거가 바탕이 된 논리적인 비판을 잘하는 아이가 될 수 있기 때문이다.

POINT

아이들은 충분히 비판적인 사고를 할 수 있는 능력을 가지고 있는데 '긍정의 힘'에 갇혀서 아이의 비판적인 사고 능력을 기를 기회를 막아서는 안 된다.

Chapter 6

'나와 생각이 틀리다'가 아니라 '나와 생각이 다르다'

_사회성

많은 전문가가 21세기에 필요한 능력으로 협업능력을 꼽는다. 협업이란 다양한 팀과 서로 존중하는 가운데 협력하여 성과를 내는 것 혹은 공동의 목표 달성을 위해 필요한 사항에 타협하고 합의에 이를 수 있는 유연성과 의지를 보이며 일을 완성하는 것이다. 협동 작업에서는 책임을 공유하고 각 팀의 멤버가 기여한 부분에 대해 정당하게 가치를 인정해준다. 그러므로 잘된 협업은 각자의 역량이 모여서 시너지 효과를 낸다.

협업을 위해서는 다른 사람들과 소통하면서 발전할 수 있는 역량을 길러야 한다. 소통능력은 공부를 한다고 길러지는 것이 아니다. 사람들과의 소통 과정에서 끊임없이 실패와 성공을 반복하며 자신의 것으로 만들어가야 한다.

친구를 다양하게 만난 아이가 자연스럽게 '다름'을 인정한다

내가 자주 들어가는 온라인 지역맘 카페에는 "우리 아이와 성향이 안 맞는 아이와 계속 만나야 할까요?"라는 질문이 자주 올라온다. 사실 맘 같아서는 내 아이와 성향이 안 맞는 아이는 그냥 안 만나면 그만일 것 같다.

하지만 내용을 들여다보면 "우리 아이가 그 아이를 좋아하는 것 같은데 그 아이는 귀찮아해요" 혹은 "세 명이 친한데 한 명이 자꾸 우리 아이를 떼어놓으려고 해요" 등의 속사정이 있다. 생각보다 아이들의 친구관계는 복잡해서 부모가 어느 지점에서 개입해야 하는지 단정하기 어렵다. 결국 친구관계는 부모 개입에 한계가 있으므로 아이 스스로 결정하는 것이 맞다.

나와 달라서 좋고 나와 달라서 싫고

초등 저학년까지는 아이의 친구관계에 부모가 어느 정도 개입할 수 있다. 부지런히 아이 친구 엄마들 모임에 나가면 아이들도 자연스레 만남이 잦아지면서 친해지기 마련이다. 저학년 때까지만 해도 모임에 데려가면 성별에 상관없이 잘 놀고 부모가 만남을 자주 갖지 않으면 아이들도 자연스레 멀어진다.

하지만 초등학교 3학년 이후부터는 아이 스스로 친구관계를 만들어갈 수 있어야 한다. 그러기 위해서는 아이가 '친구'에 대한 자기만의 올바른 기준을 가지도록 도와주어야 한다.

일단 '다름'을 인정하게 하자. 아이들이 친구 간에 갈등을 겪는 가장 큰 이유 중 하나는 '다름'을 인정하지 않기 때문이다. 아이들과 친구에 대해 이야기할 때 "지민이는 서연이랑 이런 점이 다르네. 서연이는 이걸 잘하고, 지민이는 이걸 잘하네"라며 개성에 대해 말해주는 것이 좋다. '모든 사람은 다 다르고, 그 다름은 가치가 있다', '다름이 모여 더 큰 시너지 효과를 낸다'라는 것을 항상 마음속에 새겨두고 이야기를 나눈다면 아이가 바른 친구관계를 맺는 걸 도와줄 수 있다.

아이들은 나와 다른 부분에 매력을 느끼면서도 나와 다른 부분에 불편을 느끼기도 한다. 그런데 그 불편함을 자꾸 피하다 보면 대인관계능력은 계속 떨어지기 마련이다. 아이가 다름을 인정하고 그 가치를 알 수 있도록 친구들과 만나는 기회를 자주 마련해주는 것이 좋다.

꼭 부모가 친구들을 초대하고 키즈카페에 가서 놀아주라는 말이 아니다. 다양한 그룹 활동이나 방과 후에도 틈틈이 놀 수 있는 기회를 주는 것이 좋다. 이런 기회들을 통해 다름이 도움이 되는 경험을 할 수 있도록 도와주자.

실제로 자녀를 명문대에 보낸 부모들의 다수가 "친구와 신나게 논 아이가 신나게 공부할 수 있다"라고 했다. 친구와 놀면서 아이들은 즐기고 스트레스를 풀고 성장한다. 코로나19라는 변수 때문에 요즘에는 친구들을 만나기가 힘들지만 온라인으로 친구를 만나게 해주거나 통화를 하게 해주면서 기회를 만들어보자. 꼭 또래가 아니라도 친구의 형제나 자매, 또래 친척과의 만남을 통해서도 다름에 대해 배워갈 수 있으니 기회를 만들어주자.

친구관계로 옳고 그름을 배우다

《서울대 합격생 엄마표 공부법》의 사례에 보면 그룹을 만들어 책을 정해놓고 엄마와 아이들이 서로 질문하는 동아리 활동을 진행했는데 큰 도움이 되었다고 한다. 초등학교 때 성향이 잘 맞는 친구 그룹을 만들어 스터디그룹으로 이어가면 많은 도움이 될 것이다. 기회가 된다면 시너지 효과를 내는 그룹을 만들어보자.

그런데 '다름' 때문에 괴로워진다면 문제가 달라진다. 둘째 아이가 미술학원에 다니고 싶다고 해서 미술학원을 등록해준 적이 있다. 그 후 친구들과 학교 끝나자마자 함께 미술학원에 가는 일이 일주일 중 가장 즐거운 일이 되었다. 그런데 선생님과 상담 중에 새로운 사실을 알게 되었다.

원래 우리 아이와 어울리던 아이들 중 한 명이 일명 대장 노릇을 하면서 계속 아이들에게 해서는 안 되는 행동을 시켰다는 것이다. 가장 심한 것은 '돈을 가져오면 놀아주겠다'라며 돈을 가져온 친구와만 놀아주었다는 것이다. 그 친구들과 놀지 않기 위해서 미술학원을 다니게 해달라고 했던 것 같다는 것이다. 미술학원에 다니는 한 친구는 그 무리에 끼지 않는 친구였기 때문이다. 아이는 어리지만 '옳고, 그름'을 판단할 수 있었던 것이다.

친구들을 사귀고 다름 속에서 도움이 되는 경험을 쌓고 그 가운데에서 옳고 그름을 구분할 수 있어야 한다. 내가 정말 싫어하는 행동을 해서, 나랑 정말 맞지 않아서 힘들면 그 친구관계는 더 이상 지속해야 할 필요가 없다.

다름을 인정하고 다름에서 좋은 점을 찾되 옳고 그름은 구분하는 아이로 자라게 하는 것, 그것이 사회생활의 첫걸음이다.

착한 아이가 손해 볼까 걱정이라면

명문대학교 학생들을 인터뷰하는 과정에서 기억에 남는 말이 있었다. 바로 "우리 부모님은 항상 친구가 경쟁관계에 있는 게 아니라 협력관계에 있는 거라고 강조하셨어요"라는 말이다. 사실 초등학교 때는 석차가 나오지 않기 때문에 친구들과 경쟁하는 일은 적다. 하지만 중학교, 고등학교에 가게 되면 아무래도 서로 경쟁할 수밖에 없다.

친구를 경쟁상대로만 보면 어느새 이기적인 아이가 공부를 잘하는 것 같다는 생각도 든다. 석차는 상대적이기 때문에 친구에게 노트를 빌려주지 않고, 노는 척하면서 몰래 공부하며, 중요한 학원이나 문제집 정보 등은 자기만 알고 있는 사람이 공부를 잘한다는 인식을 낳을 수도 있다.

이타적일수록 지혜롭다

인지심리학자들이 연구한 결과에 따르면, 이타적인 사람이 더욱 지혜롭다. 부모가 되기 전에는 "공부 못하는 애랑 놀지 마라"라고 말하는 부모의 인성에 문제가 있다고 생각했다. 하지만 부모가 되고 보니 그 말을 어느 정도는 이해할 수 있게 되었다. 좀 더 배울 것이 많은 친구와 어울려서 우리 아이가 좀 더 나은 사람이 되었으면 좋겠다는 바람이 있어서이다.

하지만 인지심리학자들은 어른들의 관점에서 자녀에게 도움이 되는 친구와 그렇지 않은 친구를 나누고 만남을 허락하는 것은 자녀에게는 전혀 도움이 되지 않는다고 말한다. 오히려 이런 행동은 자녀가 성장할 수 있는 기회를 뺏는 것과 같다는 것이다.

사람은 다른 사람들과 소통하면서 능력이 길러지므로 다양한 사람을 만날수록 좋다. 또한 소통하는 과정에서 아이들은 다른 사람들의 의견과 질문에 귀 기울이고 다른 사람을 배려하는 법을 배운다. 바로 이타적인 사람이 되는 것이다.

《이타적 자존감 수업》을 쓴 이상준 오피니언리더 대표이사는 이타심이 곧 자존감이라고 말한다. 자기를 사랑할 줄 아는 사람이 다른 사람도 사랑할 줄 알듯이, 자신을 존중할 줄 아는 사람이 다른 사람도 존중할 줄 아는 것이다.

'이타적'이라고 하면 '손해 보고 사는 것'이라는 생각이 먼저 들기 마련인데 사실 그렇지 않다는 것을 아는 것에서부터 시작해야 한다. 이타적이라는 것은 무조건 베풀고 양보하는 것을 뜻하는 것이 아니며 다른 사람에게 도움을 주었을 때 돌아오는 행복과 만족감이 쌓여 아이의 '이타적 자존감'이 높아진다는 것이다. 이타적 자존감이 쌓이면 지성의 뇌(전두엽 영역)가 강해져서 감정과 욕망을 스스로 통제할 수 있게 된다. 감정을 통제할 수 있게 되면 집중력, 인내력, 의지력 향상에도 도움이 된다.

자기조절능력이 뛰어난 아이가 이타적이다

이타적인 아이가 되기 위해서는 자기조절능력부터 길러야 한다. 여기서 말하는 자기조절능력은 여러 가지 상황을 판단하고 이해하여 자신의 필요나 욕구를 조절하는 능력을 의미한다. 그래서 다른 사람을 배려할 수 있는 것이다.

이런 이타성을 위한 자기조절능력을 길러주는 방법은 여러 가지가 있는데 그중 하나는 '아이의 편이 되어주는 것'이다. 지인의 아이를 예를 들어보겠다. 이 아이가 상담을 했는데 충동적인 경향이 있고, 화를 자주 낸다는 결과가 나왔다. 심리치료사가 말해준 해결법은 '완전히 아이의 편이 되어주라'이었다. 아이는 완전히 자기 편이 있다고 생각할 때 마음의 안정을 찾아서 충동과 화를 조절하는, 다시 말해 '자기조절능력'이 생긴다는 것이다. 등 따시고 배부르면 마음이 너그러워지는 것과 같은 이치라는 설명이었다. 이렇게 마음의 안정을 갖게 되면 그다음으로 따라오는 결과가 자기조절능력이다.

일단 충동적인 면과 화를 잘 내는 것 등의 표현은 자기조절을 잘 못하기 때문에 나타나는 것이다. 친구관계에서도 이런 여러 가지 행동들은 안 좋은 결과를 낳을 수 있으므로 자기를 조절하는 것, 감정과 행동을 조절하는 것이 매우 중요하다. 이타적인 아이가 되기 위해서 자기조절능력을 길러야 하는 이유가 여기에 있다.

자기조절능력은 계획한 일을 지키게 하거나 일상생활 속에서 인내심을 기르는 등의 훈련을 통해서도 기를 수 있다. 예를 들어 사달라는 것을 바로 사주지 않는 식이다.

이타성의 사전적 정의는 '자기의 이익보다는 다른 사람의 이익을 더 꾀하는 성질'이다. '즉시적 만족감의 지연 능력'이라고 설명하기도 한다. 유명한 실험으로는 마시멜로의 실험이 있는데 네 살짜리 아이에게 마시멜로를 주고 15분 동안 먹지 않으면 마시멜로를 하나 더 주겠다고 했는데, 3분의 1에 해당하는 아이들만 기다렸다. 이 아이들이 후에 자기조절능력과 적응력으로 사회적인 성공을 거두었다는 것이다.

다행히 이타성은 후천적으로 길러지는 능력이다. 이타적인 아이로 자라면 훗날 사회적인 성공을 거두는 행복한 아이로 자랄 수 있을 것이다.

이타적인 아이는 자신이 하고 싶은 것보다 다른 상황을 고려하여 참고 기다릴 줄 안다. 또 자신의 감정과 행동을 조절하여 얻은 결과에 만족감과 성취감을 느낀다.

자기감정을 잘 아는 아이가 공감능력도 뛰어나다

자녀를 명문대에 보낸 부모들은 배려하는 마음, 친구를 도와주는 마음, 사회의 문제를 해결하고자 하는 마음 등이 필요하다고 강조했다. 이는 모두 '공감능력'에서 나온다.

중 · 고등학교 때 강조되는 비교과활동들 역시 공감능력이 없으면 하나도 즐겁지 않다. 예를 들어 봉사활동 점수를 채우기 위해 봉사활동을 하는 것과 그 사람들이 처한 환경을 이해하고 마음을 충분히 이해하고 봉사활동을 하는 것에는 큰 차이가 있다. 후자의 경우, 점수나 봉사활동 시간을 채우는 것을 넘어서 진심으로 봉사활동을 하며 자신의 인생에 도움이 되는 시간으로 만들어나갈 수 있다.

공감이란 다른 사람의 상황과 기분을 느낄 수 있는 능력을 말한다. TV에서 슬픈 장면이 나오면 눈물을 흘리고, 즐거운 장면이 나오면 웃고, 억울한 장면이 나오면 화를 내는 것은 모두 공감해서이다.

그런데 공감능력은 사람마다 모두 다르다. 아이들은 태어나서 엄마와 아빠, 형제와 자매, 친구와의 관계를 통해 다른 사람의 마음을 인지하고 이해하며 공감능력이 발달한다. 발달과정이 저마다 다르기 때문에 아이들의 공감능력은 다 다른 것이다.

부모는 아이가 공감능력을 키울 수 있도록 도와주어야 한다. 공감능력이 뛰어난 아이가 되려면 먼저 자기감정을 잘 읽을 수 있어야 한다. 자기감정이 어떤지를 이해해야 다른 사람의 감정도 잘 이해할 수 있기 때문이다.《초등 집공부의 힘》을 쓴 이진혁은 감정카드로 공감능력을 키우는 방법을 추천한다. 다음과 같은 감정 카드가 있다.

속상하다 / 짜증난다 / 억울하다 /걱정스럽다 / 귀찮다/

기분이 좋다 / 기쁘다 / 당황스럽다 / 밉다 / 반갑다 / 부끄럽다 / 불안하다 / 불편하다/ 신 난다 / 실망하다 / 우울하다 / 원망스럽다 / 자랑스럽다 / 주저하다 / 지루하다 / 편안하다 / 화가 난다/ 후회스럽다 / 즐겁다 / 재미있다 / 흥미롭다

감정카드를 하나 고른 후 이 감정이 어떤 감정인지 설명하는 것

이다. 그러다 보면 자신의 감정을 읽을 수 있고, 다양한 단어로 좀 더 자세하게 표현할 수 있다.

또 반대로 지금 상황이 어떤 감정인지 생각해보고 해당하는 감정카드를 고르는 것도 좋다. 예를 들어 친구와 다투고 들어온 날 감정카드를 고르게 해보자. '불편하다'를 고르면 왜 불편한 마음이 드는지 설명하게 하고, '실망하다'를 골랐으면 왜 실망했는지 설명하게 하는 것이다. 이렇게 하면서 자신의 감정을 구체적으로 설명하는 방법을 익힐 수 있다.

POINT

《아홉살 마음사전》을 활용하는 것도 좋다. 아이와 함께 책을 읽으면서 다양한 상황에 대해 생각해보고 나의 감정을 설명하고 다양한 단어로 표현해보는 것이다. 이런 활동을 통해 자신의 감정 읽기 연습이 된다.

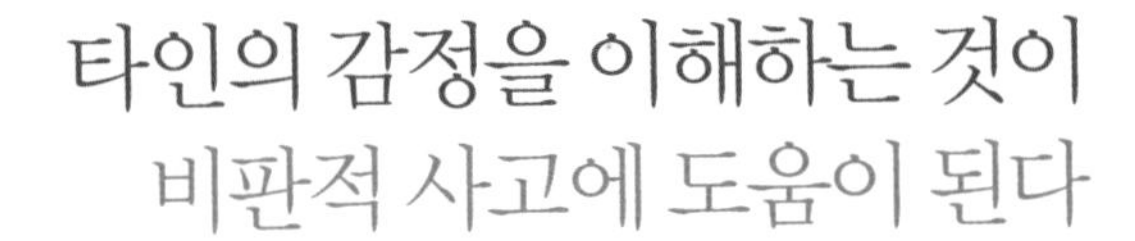

타인의 감정을 이해하는 것이 비판적 사고에 도움이 된다

자신의 감정을 읽고 표현하는 연습을 했다면 그다음에는 다른 사람의 감정을 읽는 연습을 해본다. 협력에서 필요한 능력은 공감능력과 함께 합리적 · 비판적 사고능력이다. 여기서 합리적 · 비판적인 사고능력이란 정확하게 상황을 판단하고 평가할 수 있는 능력이다(5장의 창의적 · 비판적 사고력과는 다른 개념이다). 예를 들어 엄마가 원하는 것을 사주지 않아 화가 나는데 지금 이 상황은 내가 화를 낼 상황이 아니라고 판단하는 것이다. 비판적 사고를 하려면 다른 사람의 감정을 읽을 줄 알아야 한다.

감정을 읽는 연습도 필요하다

보통 사람들은 자연스럽게 사회관계 속에서 다른 사람의 표정을 보고 어떤 감정을 느끼는지, 어떤 생각을 하고 있는지 등을 읽을 수 있다. 하지만 다른 사람의 감정을 읽는 연습이 따로 필요한 경우도 있다.

얼마 전 아동상담 TV프로그램에서 본 아이가 그런 경우였다. 그 아이는 다른 사람들과 마주치는 것, 이야기하는 것을 어려워했다. 그 아이에게 내려진 처방은 '다른 사람들의 표정을 보고 어떤 감정을 느끼고 있는지 읽어보는 것'이었다. 예를 들어 잡지에 실린 사람들의 표정을 보고 어떤 감정을 느끼고 있는지, 어떤 상황인지를 예측하고 말해보는 것이다. 그러면서 감정 읽기를 학습하는 것이다.

엄마, 아빠, 형제, 자매 등 가족들의 다양한 표정을 사진으로 찍고 이 표정을 왜 지었는지, 어떤 감정을 느끼고 있는지 이야기해보자. 여러 가지 상황극을 하는 것도 도움이 된다. 영국의 한 초등학교에서는 '공감의 뿌리'라는 수업을 하는데 교실 가운데에 아이가 앉아 있고, 학생들은 그 아이를 지켜보면서 표정이 바뀔 때 그 아이의 감정을 읽는 활동을 하고, 관련된 역할극을 한다. 이런 활동들은 다른 사람의 감정을 읽고 공감하는 능력을 기르는 데 도움이 된다.

집에서 부모가 아이와 함께 친구들과 일어날 수 있는 여러 가지 상황을 만들어서 이야기 나누어보는 것도 도움이 된다. 친구가 물건을 빌렸는데 망가뜨려왔다거나 툭 치고 지나갔다거나 하는 상황을 재연해보고 이럴 때는 어떻게 말하면 좋을지에 대해서 이야기해보는 것이다.

초등학교 교과서에도 이런 여러 가지 상황을 보여주고 어떻게 대답해야 하는지를 묻는 내용이 자주 나온다. 그런데 공부시간에 답을 고르는 것은 쉽지만 실제로 행동하거나 말하는 것은 쉽지 않다. 그러므로 초등학생 때는 여러 상황을 설정해 연습해보는 활동이 도움이 된다.

다양한 감정 읽기 연습

나는 아이들이 잘못된 행동을 하면 교과서에 나오는 것처럼 문제를 내서 자신의 행동을 객관적으로 보게 한다. 한번은 둘째 아이가 레고 블록을 형에게 던져놓고 "아니야, 그냥 상자에 넣으려고 한 거야"라고 했다. 그럴 때는 "어떤 아이가 레고를 던져서 형이 맞았다. 이 아이의 행동을 바르게 설명한 것은? 1번 레고를 통에 넣으려다가 맞힌 것이다. 2번 형을 맞추려고 레고를 던졌다." 이런 식으로 문제를 낸다. 그러면 아이도 상황을 객관적으로 생각할 수 있게 돼서 그런 건지, "알았어. 내가 맞히려고 던진 거야. 형, 미안해"라며 금방 사과한다. 객관적으로 보면 누가 봐도 형에게 던진 건데 자기가 변명했다는 것이 부끄럽게 느껴진 것이다. 이는 객관적으로 상황을 보고, 다른 사람의 상황에서 감정을 느끼는 연습을 하는 데 도움이 된다.

만약 상황을 만들어 감정 읽기 연습을 하는 것이 어렵다면 일상생활 속에서 아이들과 함께 감정에 대한 이야기를 나누어보자. 아이가 친구와 있었던 일, 학교에서 있었던 일들을 이야기할 때 "그때 그 친구는 기분이 어땠을까?", "너는 그때 어떤 마음이 들었어?", "그럴 때 뭐라고 말했어?"라고 물으면서 계속 감정 읽기를 하는 것이다.

부모가 평소 가정에서 대화를 나눌 때 객관적으로 상황을 파악할 수 있도록 도와주는 것이 중요하다. 또 책이나 다른 여러 상황에서 '나라면 어떻게 했을까?' 하고 여러 가지 상황에 나를 대입시켜 보면서 감정 읽기 연습을 해보는 것도 도움이 된다.

POINT

일상생활 속에서 자연스럽게 아이들과 함께 감정에 대한 이야기를 나누어보자.

경청을 잘하는 아이가 수업도 잘 듣는다

경청을 잘하는 아이들은 사회성도 발달하지만 학교 성적도 좋았다. 왜냐하면 학교 수업을 잘 듣는 것도 경청이기 때문이다. 성적이 좋은 아이들은 경청을 잘한다.

한 실험에서 성적이 좋은 아이와 보통 아이의 시선에 관해 연구했는데, 성적이 좋은 아이는 수업시간 내내 칠판과 선생님을 바라보며 선생님의 말을 경청했다. 하지만 보통 아이는 수업시간에도 선생님과 칠판을 바라보는 시간이 적었고 책이나 다른 곳을 보았으며 30분이 지나자 완전히 시선이 다른 곳으로 향했다.

경청을 잘하면 친구관계도 좋아진다. 리더십이 있는 아이들은 경청을 잘하며, 경청능력을 그룹이 효과적으로 운영될 수 있도록 활용한다.

왜 경청이 필요할까

나는 아침에 일어나서 아이들과 함께 오늘 할 일을 종이에 적는다. 이때 해야 할 일만 적는 게 아니라 아이들이 지켰으면 하는 내용도 함께 적는다. 예를 들어 '엄마가 휴대폰 언제까지 할 거냐고 물었을 때 화내지 않기', '영어 수업 시작 1시간 전에 숙제 미리 해놓기' 등이다.

그런데 어느 날은 내 할 일을 적고 있을 때 첫째 아이가 "엄마는 우리 말 잘 들어주기도 넣어"라고 했다. 내가 자기 말을 잘 들어주지 않는단다. 내가 "영어 숙제 다 했어?"라고 아침에 물어봐서 "다 했어"라고 했는데, 오후에 또 물어보고, 또 물어본다는 것이었다. 생각해보니 정말 궁금해서 물어본 것이 아니라 관심이 있다는 걸 표현하기 위해서, 미리미리 해놓으라는 의미에서 물어보고 정작 답은 잘 듣지 않았던 것 같다. 새삼 아이들의 말을 경청해야겠다며 반성했다.

경청이란 상대의 말을 듣기만 하는 것이 아니다. '상대방이 전달하고자 하는 말의 내용은 물론, 그 내면에 깔려 있는 동기나 정서에 귀를 기울여 듣고 이해된 바를 상대방에게 피드백해주는 것'이다. 상담학 사전에는 '상대방의 입장에 서서 그 말의 의미와 배경에 있는 감정을 읽어내고자 열심히 듣는 상담자의 기본 태도'라고 되어 있다. 말하는 사람의 감정을 읽어내고자 하는 적극적인 태도라고도 할 수 있을 것이다. 그냥 아이들의 말을 듣고 기계적으로 고개를 끄덕이는 것은 경청이 아니다.

상대방이 내 말을 경청하면 내게 어떤 정서적 효과가 있는 것은 확실하다. 실제로 상대방이 이야기를 진심으로 들어주는 것만으로도 속상한 마음이 풀어지기도 하고 스트레스가 풀리기도 한 경험이 있을 것이다.

경청능력을 길러주는 생활습관

아이가 경청을 잘하게 하려면 우선 부모가 본보기를 보여야 한다. 아이들과 집에서 어떻게 지내야 자연스레 경청능력이 길러질까? 크게 세 가지 요령을 소개한다.

첫째, 아이의 입장에서 생각해본다. 아이가 말할 때 곧바로 판단하거나 당장 해결책을 떠올리기보다는 듣는 데 집중하고, 아이의 관점에서 그 상황을 바라보아야 한다. 아이의 이야기를 듣는 도중에 "네가 잘못했네", "그럴 때 그렇게 하면 안 되지", "그럼 학원 그

만둘래?"라고 잘못을 지적하거나 해결책을 제시하기 십상인데, 그 전에 아이의 말을 아이 입장에서 끝까지 집중해 들어주자.

둘째, 나의 경험과 아이의 경험을 비교하지 않는다. 내 경험에 비추어 말하는 게 해결책을 줄 수 있는 가장 좋은 방법이라고 생각하기 쉽지만 별로 도움이 되지 않을 수도 있다. "나도 이런 적이 있었어"라고 공감하기 위해서 하는 말이어야지 "내가 이렇게 했으니까 너도 이렇게 해봐"라는 말은 해결책이라 할 수 없다. 아이의 상황과 내 상황이 똑같지 않다는 것을 염두에 두어야 한다.

셋째, 곧바로 도움을 주지 않도록 한다. 부모는 보통 '아이가 나에게 이야기하는 이유는 해결책을 찾고 싶어서'라고 생각하기 쉬운데 그렇지 않을 수도 있다. 아이가 말하는 것을 잘 들어주고 아이가 도움이 필요하다고 말할 때만 함께 해결책을 찾아나가는 게 좋다. 아이가 말하는 것을 내가 흡수한다는 생각으로 들어야 경청이다. 자꾸 해결책을 제시하면 주의가 분산될 수 있다.

이 세 가지를 잘 생각하면서 적당한 때에 고개를 끄덕이고 대답을 해주면서 경청하고 있음을 보여주자. 중요한 내용은 기억하려고 노력하고 중간에 끼어들거나 캐묻지 않도록 하자. 아이의 말이 길어져도 대화 주제를 바꾸거나 끊지 말고 끝까지 들어주자.

생활 속에서 이렇게 들어주는 것도 중요하지만 기회가 된다면 따로 시간을 내어 경청 연습을 해보는 것도 좋다. 어떤 주제를 정해놓고 두 사람이 짝을 지어 한 사람은 말하고 한 사람은 듣는 연습을 해보자. 고개를 끄덕여주고 가끔 말을 받아주기도 하며 3분간 상대방의 말을 듣고 난 뒤 들은 이야기를 요약해서 다시 상대방에게 이야기해준다. 그다음에는 역할을 바꾸어서 해본다.

POINT

경청은 모든 문제를 해결할 수 있는 실마리를 찾도록 도와준다.

'갈등'은 문제해결능력을 키워줄 기회이다

세 살 터울의 두 아들은 초등학교 때 온종일 붙어 있으면서 같이 놀고 싸우기를 반복한다. 이걸 알면서도 둘이 싸우는 모습을 보고 있으면 스멀스멀 화가 나고 속이 부글부글 끓는다. 그래도 나는 이성적으로 대처하려고 노력하는 편이라 갈등이 생겼을 때 규칙을 만들어서 해결했다. 사실 '그럴 거면 놀지 마!'라는 말이 목구멍까지 올라온다.

조카아이들은 오누이인데, 초등학교 때는 눈만 마주쳐도 싸우더니 중학교 때는 안 싸우는 게 아닌가. 비결이라도 있나 해서 "요즘에는 오빠랑 안 싸워?" 하고 여자조카에게 물었더니 "같이 놀지를 않아서 싸울 일이 없어요"라고 대답했다. 같이 놀지 않으면 싸우지도 않으니 아예 안 놀고 안 싸우는 게 좋은 걸까?

갈등은 피하는 게 아니라 해결하는 것

사실 아이들이 싸우고 다투는 것은 좋은 일이다. 아이들이 살면서 겪는 갈등은 피해야 할 것이 아니라 해결해야 할 것이다. 부모는 아이에게 갈등을 해결하는 방법을 알려주어야 한다. 싸움이 일어났을 때 왜 싸우게 되었는지 원인을 찾고, 해결책을 찾아서 다음에는 이런 일이 일어나지 않도록 하는 것이 중요하다.

평소 온순하고 어디에 있든 누구와도 갈등을 일으키지 않는 아이가 있다면 잘 살펴보아야 한다. 자신의 의견을 숨기고 있는 것은 아닌지, 자신이 원하는 일이 아닌데도 마지못해 끌려가고 있는 것은 아닌지 말이다. 자기 의견을 표현하지 못하는 아이의 마음속에 스트레스와 분노가 쌓이고 쌓이다가 나중에 폭발할 수도 있기 때문이다.

갈등 해결능력이 없어서 갈등 상황이나 실수나 실패가 있을 수 있는 상황은 무조건 피하는 아이도 있다. 한 가지를 선택해야 할 때 무조건 양보하거나 갈등이 생길 것 같을 때 무조건 뒤로 물러난다. 갈등 해결능력이 없어서 실패나 갈등 상황이 생겼을 때 쉽게 포기

해버린다.

갈등 상황에 놓이더라도 아이가 '나는 이 갈등을 해결할 수 있어'라고 믿도록 만들어주어야 한다. 그래야 갈등을 피하지 않고 맞닥뜨릴 수 있다. 그런 믿음은 하루아침에 심어줄 수 없다. 일상생활 속에서 일어나는 갈등을 해결하는 경험이 쌓여야 생긴다.

갈등 해결능력을 길러주는 생활습관

형제자매의 갈등을 해결하는 과정에서 갈등 해결능력을 길러줄 수 있다. 가장 중요한 것은 갈등 상황을 체계적으로 분석하는 것이다. 첫째, 갈등을 정리해서 원인을 찾고, 둘째, 해결방안을 찾고, 셋째, 이런 일이 다시는 생기지 않도록 실천 계획을 세운다.

예를 들어 동생이 형 방에 들어가다가 문에 발이 부딪혔다. 동생이 아파서 발을 붙잡고 있는데 형이 웃었다. 동생은 자기는 아픈데 형이 웃었다면서 화를 냈다. 형은 "너는 네 방에 못 들어오게 하면서 너는 허락 없이 들어오는 게 원래부터 마음에 안 들었는데, 내 방에 들어오다 발을 다쳐서 기분이 좋아서 웃었다"라고 말했다.

먼저 갈등 상황을 객관적으로 분석한 후 갈등을 정리해서 원인을 찾아야 한다. 여기서 쟁점은 두 가지이다.

1. 형이 동생이 아픈데 웃은 것

2. 동생이 매번 허락 없이 형 방에 들어온 것

두 가지 갈등 원인의 해결방안을 찾아야 한다. 동생은 이제 형 방에 들어갈 때 노크를 하고 들어가고, 형은 동생이 다쳤을 때 웃지 않으면 된다. 이 두 가지를 실천하기로 하고 갈등을 마무리한다. 갈등 해결의 목적은 '다시는 이런 똑같은 일이 반복되어 마음이 상하지 않는 것'이다. 결과적으로 이 갈등은 소모적인 것이 아닌 발전적인 갈등이 되었다.

우리 집은 이런 일들이 워낙 자주 일어나서 아예 '우리 집 법률'을 만든 적도 있다. 법률 형식에 맞추어 목적, 방법, 벌칙까지 만들어서 실행에 옮겼다. 출력해서 벽에 붙여두니 항상 볼 수 있어서 매우 효과적이었다. 같은 갈등 상황이 반복되지 않을 때까지 시행한 후 동의하에 벽에서 떼어냈다.

집에서 각각의 방법으로 갈등을 해결하되 중요한 것은 갈등이 더 나은 관계를 유지하는 데 도움이 되도록 하는 것이다. 이런저런 방법을 써도 효과가 없다는 부모도 종종 있다. 여러 가지 방법을 잠깐 써보고 '아, 이 방법도 안 돼'라고 한 것은 아닌가 싶다. 아이들과 어떤 규칙을 정했을 때는 적어도 3개월 이상 실천해야 아이들이 기억하고 몸에 배어 효과가 나타난다.

아이들에게 '나 메시지'를 알려주는 것도 좋다. 온라인 수업 중에 다른 형제가 떠들면 "시끄러워"라고 하는 것이 아니라 "네 소리가 너무 커서 선생님 소리가 잘 안 들려"라고 말하는 것이다. 너 때문이 아니라 내가 이런 상황이고 이런 감정이라는 것을 알리는 것이다. 그러면 상대방이 좋은 마음으로 상황을 바꾸어주기도 한다.

사과하는 방법을 알려주는 것도 도움이 된다. 사과하는 것은 지는 것이 아니라 감정을 전달하는 것이라는 것을 알려준다. 다만 억지로 사과를 시키는 것은 오히려 반감을 살 수 있으므로 '속상함이 풀려서 마음을 표현하고 싶어지면 알려 달라'라고 하는 것이 좋다. 아이가 어느 정도 정리된 후에 마음을 표현하도록 한다. 말로 하기 힘들면 편지든, 간식이든 어떤 형식이든 상관없다. 마음을 전하면 그것으로 사과한 것이다.

부모도 잘못한 일이 있으면 사과하는 것을 어려워해서는 안 된다. 감정적으로 대처하고 사소한 일에 화를 낼 수도 있지만 진심으로 사과한다면 아이들은 이해할 것이다.

부모가 아이들과 일어나는 갈등, 부부 사이에 일어나는 갈등을 체계적이고 합리적으로 대화를 통해 풀어나가는 과정을 아이들이 보고 자라면 갈등 자체를 덜 두려워한다. 갈등이 생기더라도 현명하게 해결하는 방법을 터득할 수 있으며 갈등이 생기더라도 이 갈등이 해결될 것이라는 긍정적인 믿음을 갖게 된다.

POINT

갈등 상황에 놓이더라도 아이들의 마음속에 '나는 이 갈등을 해결할 수 있어'라는 믿음을 만들어주어야 한다. 그래야 갈등을 피하지 않고 맞닥뜨릴 수 있다.

Chapter 7

아이의 소통능력은 부모와의 대화 속에서 자란다

_의사소통능력

EBS 다큐 프로그램에서 '최근 가장 문제가 되는 갈등 상황'을 두고 자녀와 부모가 대화를 나누도록 한 후 정밀대화분석법을 통해 분석했다. 그 결과, 일반 가정의 대화에서는 비난, 분노 등 부정적인 대화의 비중이 매우 높았으나 성적이 상위 0.1%인 아이들의 가정에서는 수용, 애정, 관심 등 긍정적인 대화가 더 많이 나타났다. 특히 대화 실험이 끝난 아이들의 표정을 살펴보았을 때 성적이 상위 0.1%인 아이들은 편안하고 행복한 표정을 지었지만, 그렇지 않은 아이들은 불편한 표정을 지었다는 것도 크게 다른 점이었다.

입시에 좋은 성과를 거두고 이후의 삶도 행복하게 사는 사람들의 공통점을 찾아보면 부모와 자녀가 온전히 소통하고 있다는 것이다. 대화와 소통은 가장 먼저 가족 간에 이루어진다. 가족 간에 소통이 잘되어야 사회에 나가서도 소통을 잘하는 사람으로 자란다.

명문가 자제들은 식사시간에 대화를 쉬지 않는다

《아이들은 자존감이 먼저다》를 쓴 이효숙은 식사시간의 중요함을 강조했다. 식사시간에 가족들끼리 편하게 여러 가지 주제로 깊이 있는 대화를 나누었던 것이 아이들과의 소통에 매우 도움이 되었다는 것이다. 식사시간에 학교에서 있었던 일을 하소연하기도 하고, 좋아하는 책 이야기도 하였는데, 이런 시간이 사춘기도 없이 지나갈 만큼 화기애애한 가족 분위기에 큰 역할을 했다는 것이다.

미국에서 가장 존경받는 대통령을 탄생시켜 세계 명문가로 손꼽히는 케네디 가는 식사시간을 활용하여 자녀교육을 했다. 식사시간은 반드시 지키고 모두 밥상머리에 앉아 이야기를 나누는 것이 원칙이었다. 케네디의 어머니 로즈 여사는 식사시간에 아홉 명의 자녀에게 〈뉴욕타임스〉 기사에 대해 토론하도록 하였다. 또 아이들의 눈에 잘 띄는 곳에 게시판을 마련해서 신문에서 좋은 글을 오려 붙여놓고 식사 때 그것을 화제로 질문하고 의견을 주고받게 하였다.

특히 로즈 여사의 회고록 《케네디 가의 영재교육》에는 토론할 때 중요하게 생각해야 할 점이 적혀 있는데, 무엇보다 서로를 존중하고 상대방의 의견에 관심을 가지는 화기애애한 분위기를 강조했다. 그 이유는 이런 분위기여야만 자신의 의견에 대해 비난받을 염려 없이 자유롭게 말할 수 있으며, 기탄없이 토론할 수 있어야만 이해력이 좋아지고 자신감이 생길 수 있기 때문이라고 하였다. 그녀는 또한 토론 훈련을 거듭하면 발표력도 향상된다고 하였는데, 케네디가 토론의 달인, 연설의 달인이 될 수 있었던 것은 어머니의 이런 철학에서 비롯된 것이라고 할 수 있다.

식사시간에 대화할 때는 부모가 먼저 "오늘 회사에서 이런 일이 있었어"라며 그날 있었던 일을 말하는 것이 좋다. 부모가 자신의 이야기를 솔직하게 털어놓아야 아이도 편안하게 이야기를 시작할 수 있다. 어떤 부모들은 부모가 약한 모습, 실수한 모습, 잘못된 모습, 힘든 모습 등을 보여주면 안 된다고 생각하는데 절대로 그렇지 않다. 오히려 부모가 약한 모습을 보여줄 때 아이들이 더 친근감을 느끼고 부모에게 마음을 연다.

보통 식사시간이라고 하면 저녁식사를 떠올리기 쉽다. 그러나 아침식사도 매우 중요하다. 성적 상위 0.1%의 아이들을 조사한 결과 무려 92%가 아침을 꼭 먹었다. 아침을 먹는 것은 신체에 영양을 공급해줄 뿐만 아니라 정서에도 도움을 준다. 바쁘다고 아침을 거르면 공부든 놀이든 집중을 못하고 심리적으로 불안하고 초조하게 된다. 아침식사를 반드시 챙기고 그날 하루를 어떻게 보낼지 가볍게 이야기해보자. 아이가 하루를 보람 있게 보내는 데 큰 도움이 될 것이다.

자녀를 명문대에 보낸 부모들 중 맞벌이인 경우, 자녀와 함께할 시간이 부족한 만큼 식사시간에 많은 이야기를 나누었다고 했다.

토론은 아이의 강력한 무기가 된다

선행학습을 해야 하는지, 어떤 학원을 보내야 할지, 수학 문제집은 하루에 몇 장을 풀려야 할지 등이 초등 저학년 때까지는 부모의 판단하에 결정된다. 하지만 고학년으로 갈수록 아이의 의견을 존중해주어야 한다. 이때 기준을 정하고 답을 찾는 데 가장 효과적인 것이 토론이다.

토론이라고 하면 거창하게 느껴지지만 사실 일상생활 속에서도 충분히 적용할 수 있다. 예를 들어 '어느 학원에 다닐 것인가?'를 두고도 토론할 수 있다. A학원과 B학원의 장단점을 파악해서 함께 이야기하고 결정하는 것이다. 일상생활 속 선택 주제로 자연스럽게 토론을 해보자.

토론의 생활화

여성학자 박혜란 선생님은 어릴 때부터 아이들에게 말할 때 어른이랑 대화하는 것처럼 성심성의껏 대답해주었다고 한다. 알아듣지 못하면 자세히 설명해주고 절대 아이라고 무시하지 않고 존중해주었다. 그래서 그런 대화법이 몸에 밴 아이로 성장할 수 있었다고 한다. 아들 이적도 자신의 아이들에게 그렇게 대하는데, 그것이 아이들과의 소통에 많은 도움이 된다고 한다. 일상생활 속에서는 형식을 갖춘 토론보다는 아이의 질문에 성심성의껏 대답해주고 아이의 의견을 열심히 들어주는 것도 토론이 될 수 있다.

《5백년 명문가의 자녀교육》을 보면 이용태 삼보컴퓨터 창업자 집안은 집에 사람을 초대하거나 손님이 오면 어린 자녀들을 불러와서 함께 대화하고 토론하였다고 한다. 보통 손님이 오면 아이들은 동석시키지 않고 다른 곳에 가라고 하기 마련인데 이용태는 어른들과의 대화를 통해 대화와 토론문화를 보고 익히게 했다. 함께 어울려 살아가기 위해서는 상대방을 배려하는 토론문화를 일찍부터 익혀야 한다고 생각했기 때문이다. 이렇게 어른들과의 대화 속에서 아이들은 배울 수 있고 의견을 말하고 듣는 가운데 성장한다.

탈무드식 토론에서도 일상생활 속 토론의 힌트를 얻을 수 있다. 탈무드식 토론의 원칙은 "여러 가지 다른 의견을 들을 것, 여러 가지 다른 의견을 말할 것, 모두가 반드시 말할 것"이다. 유대인들이 남의 말을 진지하게 경청하고, 남과 생각이 다를 때는 언제든지 자기 의견을 강하게 말할 수 있는 것은 토론이 습관화되었기 때문이다. 이런 토론문화는 집단사고에 묻히지 않고 합리적인 결정을 내리는 데 도움을 준다.

유대인의 전통적인 학습방식인 하브루타에서도 훌륭한 토론 방법을 배울 수 있다. 하브루타란 나이, 계급, 성별과 관계없이 두 명이 짝을 지어 서로 논쟁을 통해 진리를 찾는 것을 의미한다. 학습법이라고 하기보다는 '토론놀이'가 더 어울리는 표현이다.

하브루타는 계속된 질문과 경청, 대답이 주가 된다. 하브루타를 하는 사람들은 학생들의 생각을 먼저 물어 그들이 충분히 이야기하게 한다. 대화할 때 그들이 나의 말에 경청하기를 원하는 만큼 나도 학생들과 눈빛을 교환하며 마음으로 들으려고 한다. 실제로 하브루타를 실천하는 가정은 서로 의견을 존중하는 것이 자연스럽고, 자신의 의견을 자신 있게 말하는 능력도 뛰어나다.

생활 속 토론하는 방법

시간을 정해놓고 토론하는 것도 좋다. 예를 들어 일주일에 한 번, 한 권의 책을 읽고 토론하는 시간을 가지는 것이다. 한 주는 지정 도서, 한 주는 자유 도서로 해도 좋다. 아이의 연령에 맞는 책을 읽고 이야기 나누는 것이다.

"열 권의 책을 혼자 읽는 것보다 한 권의 책을 열 명이 함께 읽고 이야기 나누는 것이 낫다"라는 말이 있다. 한 권의 책을 읽고 내가 얻을 수 있는 것이 1이라면 그 책을 읽은 다른 사람들과 이야기 나누었을 땐 10을 얻을 수 있다. 내가 생각하지 못했던 이야기를 들을 수 있기 때문이다.

만약 시간을 정해놓고 정식으로 토론한다면 디베이트 방식을 이용해보자. 디베이트란 형식을 갖춘 토론으로 자유형식이 아닌 자신의 역할을 정해서 토론하는 방식이다. 일반 토론과 달리 자신이 지지하는 주장을 하는 것이 아니라 사전에 정해진 주장에 맞추어 토론하는 것이 특징이다. 내가 어떤 주제에 대해 반대 입장이라고 하더라도 찬성 입장이 되어 토론할 수 있다.

또 토론 중 많이 부딪히는 쟁점을 찾아 절대 새로운 주장을 하거나 상대의 의견에 반박하는 것이 아니라 자신의 입장, 즉 상대방과 반대되는 입장을 논리적으로 설명해야 한다.

예를 들어 슬라임 사용 여부를 두고 디베이트식으로 토론한다면 아이가 어른의 입장이 되어 슬라임 사용의 단점 또한 생각해볼 수 있어서 도움이 된다. 디베이트 토론으로 일상생활의 규칙을 정해보면 아이가 무작정 자기주장만 하는 것이 아니라 부모와 다른 사람의 입장도 생각해보고 이해하는 아이로 자랄 수 있는 것이다.

특히 아이 스스로 정할 수 없거나 절제할 수 없는 규칙들은 함께 이야기 나누면서 결정하는 것이 좋다. 규칙을 정하면서 규칙을 지키지 않았을 때 받게 되는 벌칙도 함께 만들어야 한다. 일방적인 벌이 아니라 함께 상의하고 정한 벌이라서 아이가 규칙을 어겨 벌을 받게 됐을 때 쉽게 납득하기 때문이다.

POINT

함께 어울려 살아가기 위해서는 상대방을 배려하는 토론문화를 일찍부터 익혀야 한다. 어른들과의 대화 속에서 아이들은 배울 수 있고 의견을 말하고 듣는 가운데 성장한다.

가족 이벤트를 만들어 주기적으로 대화의 시간을 갖는다

다음은 여름 휴가를 다녀오고 오랜만에 수업을 들으러 온 아이와 나눈 대화이다.

"여행 갔다 왔다면서? 어디 갔다 왔어?"

"모르겠어요."

"어디 갔다 왔는지 모른다고?"

"네. 그냥 어느 호텔에 있었는데요."

"가서 뭐 했어?"

"밥 먹었어요."

"제일 기억에 남는 일은 뭐야?"

"밥 먹은 거요."

이 대화에서 보면 아이는 어디로 갔다 왔는지는 별로 관심이 없어 보인다. 아마도 아이가 가고 싶은 장소를 골라 여행 일정을 짰다면 기억을 못할 리가 없겠지만 부모가 정하는 장소에 따라갔기 때문에 그랬을 것이다.

아이들과 이야기를 나누다 보면 '관심이 있는 것'과 '관심이 없는 것'에 대해서 큰 차이를 보이는 것을 알 수 있다. 그러므로 부모는 아이와 소통하면서 아이의 관심을 찾아가는 것이 매우 중요하다.

아이와 함께 주말 나들이 장소 정하기

가족 소통 방법 몇 가지를 소개해보겠다. 가족이 같이할 일을 아이와 함께 정하는 것은 아이의 소통능력을 길러주는 데 도움이 된다. 예를 들어 주말을 함께 보내는 방법을 대화로 결정하는 것이다. 아이가 사춘기 때 갑자기 하려면 쑥스러워할 수 있으므로 어릴 때부터 함께 주말을 보내며 자연스럽게 습관이 되도록 하는 것이 좋다.

자녀가 버클리대학에 다니는 한 부모는 주말에 이벤트를 정해서 함께 시간을 보냈다고 한다. 쓰레기 나오지 않는 하루, 플라스틱 사용하지 않는 하루, 존댓말 쓰는 하루, 역할 바꾸어보는 하루 등이다. 이런 이벤트를 마련해서 함께 실천하면서 사회적 이슈에 대해서 함께 생각해보고 가족끼리 소통할 수 있는 주제를 만들어 대화해보자.

주말에 하고 싶은 일을 투표로 정할 수도 있다. 각자 주말에 하고 싶은 일 세 가지를 종이에 적어낸다. 그리고 가족들이 찬성의견, 반대의견을 포스트잇에 적어 다른 사람의 의견에 덧붙인다. 또한 5점 만점으로 점수를 주어 가장 점수를 많이 받은 일을 해도 좋다. 이 점수를 정할 때는 기준이 있어야 하는데, 거리가 너무 멀거나 비용이 많이 드는 곳은 점수를 적게 주는 식으로 기준도 함께 정한다.

꼭 주말이 아니더라도 평소에 소통할 수 있도록 가족들이 가장 많이 모이는 식탁 주변이나 현관 등에 메모판을 만들어놓고 부탁할 내용이나 전달해야 할 메시지를 적는 것도 좋은 방법이다. 한 달에 한 번 혹은 명절이나 연말 등에는 가족과 함께 롤링 페이퍼를 해보는 것도 가족 소통 방법이다.

자신의 의견이 반영된 여행은 특별하다

여행과 체험학습을 그냥 다녀오기만 하면 기억에 남지 않는다. 가기 전에 함께 계획을 세우고, 가서도 휴대폰 앱이나 수첩에 기록하고, 다녀온 후에도 적어놓도록 한다. 기록이 쌓이면 여행이 더 의미있고 다음 여행 계획도 세울 수 있다.

주제를 정하고 그와 연계하면 더 깊이 있는 경험이 된다. 예를 들면 이번에 신라시대 유물이 있는 곳에 다녀왔다면 다음에는 백제, 다음에는 고구려 유물이 있는 곳에 가는 식이다. 그러면 이전의 경험이 일회성으로 끝나는 것이 아니라 다음의 경험과 연결되어 더 많은 것을 느끼고 이해할 수 있게 된다.

여행을 가기 전, 가서, 다녀온 후 큰 도화지에 주제를 정해서 그물망처럼 그려서 함께 기억을 기록해놓는 것도 좋다. 가운데에 '경주국립박물관'이 있다면 연관되는 것들을 생각그물로 그려보는 것이다.

저학년 때까지만 해도 나는 아이들을 '놀아줘 괴물'이라고 불렀다. 밥 주고, 설거지하고, 청소하고 돌아서서 빨래를 개면서 잠시 쉬고 있으면 "엄마, 놀아줘", "아빠, 놀아줘"라고 졸랐기 때문이다. 아이들은 밥 먹고 할 일 하고 이제 부모와 놀고 싶은 시간이지만, 부모는 해야 할 일을 하고 잠시 쉬고 싶은 시간인데 놀자고 하니 괴물로 보일 수밖에….

하지만 "놀아줘"라는 말이 점점 줄어들더니 어느 순간부터 뚝 끊겼다. 혼자 할 수 있는 일이 많아지고 컴퓨터와 휴대폰으로 친구들과 소통하면서 부모를 찾는 일이 줄었기 때문이다. 학교에서 보내는 알림장도 고학년 선생님들은 부모에게 보내지 않고 아이의 휴대폰으로 직접 연락하거나 가입하라고 해서 아이가 보고 스스로 챙길 수 있도록 하니 대화할 일이 점점 줄어든다.

그러므로 일부러라도 가족끼리 소통할 수 있는 이벤트를 만들어서 소통하는 것은 매우 중요하다. 페스탈로치의 말을 기억하며 이런 여러 가지 소통 방법을 실천해보자.

"사랑과 사랑할 능력을 발견할 수 있는 가정이라면, 그곳이야말로 결코 실패 없는 교육이 가능한 곳이다. 이것은 불변의 진리이다"

POINT

가족들끼리 이벤트를 만들지 않으면 아이가 커갈수록 대화할 일이 줄어든다. 아이가 청소년 때 갑자기 하려면 쑥스러워할 수 있으므로 어릴 때부터 함께하면서 자연스럽게 습관이 되도록 하자.

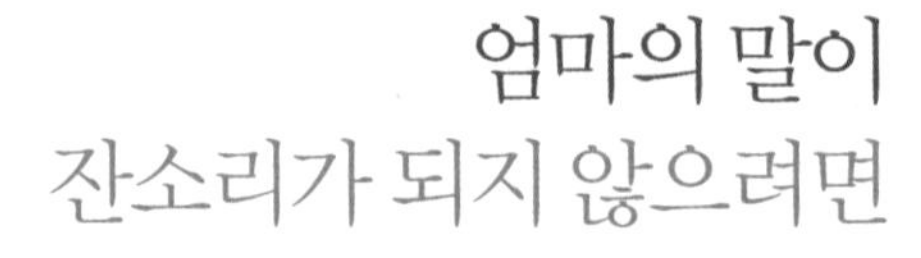

엄마의 말이 잔소리가 되지 않으려면

자녀를 명문대에 보낸 엄마들이 하는 말 중에 믿기 어려운 말은 "저는 애들한테 공부하라는 잔소리를 거의 하지 않았어요"이다. 20년간 입시상담을 해온 입시전문가 심정섭의 말에 따르면 자녀를 서울대에 보낸 부모의 약 90%도 잔소리가 필요 없었다고 답했다고 한다. 지금 초등학생 자녀를 키우는 나로서는 믿을 수 없는 소리이다. 분명 아이 스스로 자기 일을 할 수 있는 다른 방법이 있었을 것이다.

잔소리 역효과

앞에서도 말한 것처럼 자기의 할 일은 자기가 알아서 하는 것이고 자기 인생은 자기가 사는 것임을 알려주는 것, 즉 자립심을 심어주는 것이 먼저이다. 자신이 한 행동에 따른 책임도 자신이 지는 것임을 알려주어야 한다.

사춘기에 접어든 초등학교 5, 6학년, 반항심이 생기는 초등학교 2학년 때는 오히려 잔소리가 역효과를 낼 수 있다. 특히 휴대폰을 오래 붙잡고 있는다고 휴대폰을 뺏는다거나 아예 못 하게 해버리면 반항심만 일으킬 뿐이라고 전문가들은 말한다. 약속한 사용시간을 1시간 초과했다면 내일 사용시간에서 빼기, 공부시간을 늘려서 휴대폰 사용시간 벌기 등의 규칙으로 아이 스스로 잘못을 인정하고 회복할 기회를 주는 게 자립심을 기르는 데 도움이 된다. 스스로 잘못한 일임을 깨닫고 반성하고 만회하게 한다.

잔소리를 할 것 같다면 아이에게 계속 주절주절 얘기하거나 같은 얘기를 반복하는 것이 아니라 일주일에 한 번 정도 시간을 내서 마주 앉아 이야기하는 것도 좋은 방법이다. 예를 들어 함께 터놓고 이야기를 나누는 시간을 마련하는 것이다. 이때 '나 메시지'를 활용하는 것이 좋다. "엄마는 네가 휴대폰을 너무 많이 하는 것 같아서 눈이 나빠질까 봐, 할 일을 제대로 하지 못할까 봐 걱정이 돼. 사용시간을 좀 줄이고 네게 도움이 되고 발전이 되는 일을 하면 좋겠어.

어떻게 생각해?" 하고 말이다. 토론 주제를 '휴대폰 사용시간'으로 정하고 함께 방법을 찾아보는 것도 잔소리를 피하는 방법이다.

중요한 것은 아이가 약속을 실천할 수 있을 때까지 기다려주고, 실천을 제대로 못했을 때는 규칙을 바꾸거나 대안을 마련해두는 것이다.

부모의 말

영국의 사회학자 번스타인(Basil Bernstein)은 상류층 자녀와 노동자 계층 자녀의 성적을 비교했는데, 수학처럼 언어를 덜 사용하는 과목은 성적 차이가 크지 않은 반면 유독 언어를 많이 사용하는 과목일수록 노동자 계층 자녀의 성적이 현격히 낮은 걸 발견하고 이에 관해 연구했다. 그는 노동자 계층의 아이들과 상류층 아이들의 언어 사용 형태를 연구했고, 사회 계층에 따라 주로 사용하는 어휘가 다름을 발견했다.

예를 들어 같은 상황을 설명하는 방식도 상류층 자녀는 더 쉽고 객관적으로 설명했고, 노동자 계층 자녀는 주관적으로 설명했다. 번스타인의 이론에 따르면 학업 성취도에서 상류층 자녀가 더 유리한 이유는 그 아이들이 사용하는 언어 스타일과 학교 교육 과정에서 사용하는 언어 스타일이 같았기 때문이라고 한다. 상류층 부모는 자녀와 대화할 때 학문에 자주 쓰이는 언어를 사용했고, 그런 대화를 나누며 자라 학교 수업에 잘 적응한다는 것이다. 반면 노동자 계층 부모는 자녀와 대화할 때 생활밀착형 언어를 사용했고 이런 대화를 나누며 자라 학교 수업을 이해하기 어려워한다는 것이다.

노동자 계층 부모가 "너 사탕 많이 먹지 마"라고 말할 때 상류층 부모들은 "사탕을 많이 먹으면 이가 썩으니까 너무 많이 먹으면 안 돼"라고 말한다는 것이다. 논리적으로 이야기하기 때문에 자연스럽게 학문적 언어에도 익숙한 아이로 자라나게 되는 것이다.

선배 부모들이 말하는 잔소리하지 않는 가장 좋은 방법은 '공부는 아이에게 맡기고 부모는 자기 일에 몰두하는 모습을 보여주는 것'이다. 부모가 책을 읽고 있으면 아이가 책을 들고 옆에 오기도 하고, 자기 할 일을 열심히 하고 있으면 아이도 제 할 일을 알아서 찾는다는 것이다. 잔소리하기보다는 부모가 모범을 보이고 아이가 잘할 수 있도록 지지해주자.

학습적인 측면뿐 아니라 아이 인성에도 부모의 언어는 매우 중요하다. 잔소리보다는 논리적으로 시간을 내어 말하는 것이 더 효과적이다.

사랑은 '아이가 원하는 방법'으로 표현한다

"아이가 잠든 모습을 보며 오늘 아이에게 소리 지르고 화냈던 일이 생각나 미안해져요. 내일부터는 그러지 말아야겠다고 생각해요. 자는 아이에게 뽀뽀하며 '미안해'라고 말해요."

부모라면 한 번쯤 해본 자책일 것이다. 잠든 모습을 보며 자책하지 말고 아이에게 직접 마음을 전하자. 시일이 지났더라도 "지난번에 ~한 일이 있었을 때 지나치게 화를 내서 미안해", "그때 네가 ~해주어서 고마웠어", "앞으로는 엄마도 이렇게 할 테니까 너도 이렇게 해주면 좋겠어" 하고 미안한 일, 고마운 일, 앞으로 어떻게 했으면 좋겠다는 바람을 전한다. 그러면 아이도 지난 일을 마음에 담

아두지 않고 긍정적으로 받아들이게 될 것이다.

아이들을 키우다 어쩌다 화를 내고 나면 대학원 강의 때 교수님이 해준 말씀이 떠오른다. 아동심리학을 전공한 교수님이시다 보니 아이가 잘못을 저질러 화가 나더라도 항상 차분하게 이성적으로 대처했다고 한다. 그러던 어느 날 중학생 딸이 "엄마가 화가 났을 때도 그렇게 차분하게 말하는 거 짜증나! 화가 나면 차라리 화를 내!"라고 소리쳐서 충격을 받았다고 한다. 부모는 성인군자가 아니다. 화가 나면 화를 내고 속상하면 울고 기쁘면 웃으면서 감정을 표현하는 부모가 더 인간적이고 교육적이 아닐까.

아동심리치료를 전공한 나는 지인에게 종종 육아 질문을 받는다. 답변이 막힐 때는 현장에서 일하는 친구에게 자문을 구하기도 한다. 그 과정에서 가장 많이 듣는 얘기 중 하나가 "10만큼의 사랑을 받아도 충분한 아이가 있지만 100만큼의 사랑을 받아도 모자란 아이가 있다"이다. 엄마는 최선을 다해 사랑해주고 돌봐주고 있지만 아이는 더 많은 사랑과 관심을 필요로 할 수 있다. 채워지지 않은 사랑으로 스트레스가 쌓이면 다른 증상들로 나타날 수 있다.

나는 충분히 사랑한다고 말하고, 안아주고, 표현한다고 해도 상대방이 그렇게 느끼지 못하면 아무 소용이 없다. 소통할 때는 내가 이렇게 생각하는 것보다 상대방이 어떻게 받아들이는지를 생각해야 한다.

한 선배 부모는 아이가 원하는 방법으로 마음을 표현하는 것이 중요하다고 말한다. 이모티콘을 원하면 이모티콘을 사서 보내주고, 기프티콘을 원하면 기프티콘을 보내주는 것이다. 아이가 좋아하는 방식으로 부모의 사랑을 표현하자.

상담가 게리 채프먼에 따르면 사람마다 자신이 사랑받는다고 느끼는 표현법이 다른데, 크게 5가지 사랑의 언어가 있다고 한다.

1. 신체접촉(포옹, 몸으로 놀아주기)
2. 인정해주는 말(격려, 편지)
3. 시간을 같이 보내주기(소중한 시간 만들기)
4. 선물 나누기
5. 헌신하는 행동(병간호, 가족을 위한 섬김)

이외에도 '나는 엄마, 아빠가 ~해줄 때 가장 사랑받는다고 느낀다'라는 말을 완성해보게 해서 답을 찾아가는 방법도 있다. 각자의 가정에 맞는 방법을 찾아보자. 물론 '우리 집만의 사랑 표현법'으로 실천하는 것이 가장 중요하다.

EQ(감성지수)라는 용어를 만들어낸 대니얼 골먼(Daniel Goleman)은 "가정은 우리가 맨 처음 감정을 학습하는 배움터이다"라고 했다. 감정을 어떻게 느끼고 표현해야 하는지 부모가 가정에서 가르쳐야 한다. 이를 위해서 아이가 좋아하는 방식으로 매일매일 사랑을 표현하자.

《나는 가해자의 엄마입니다》의 저자 수 클리볼드는 책에서 "나는 아들을 사랑한다고 생각했지만, 아들은 자기가 사랑받는다고 느끼지 못했다"라고 했다. 아이에게 걸맞는 사랑법으로 아낌없이 마음을 표현하자.

Chapter 8

초등학생 자녀를 둔 부모가 묻고 자녀를 명문대에 보낸 부모가 답하다

게임시간, 휴대폰 사용시간 등은 어떤 기준으로 정해야 할까요?

A

게임 시간과 휴대폰 사용시간의 기준은 가정마다 천차만별이다. 어떤 가정은 평일에는 TV, 게임, 휴대폰을 일체 허용하지 않고 주말에만 무제한으로 허용하고, 어떤 가정은 평소에도 게임시간에 제한을 두지 않는다. 이는 부모가 어디에 가치를 두느냐에 따라 다르다. 특히 디지털 매체는 하루가 다르게 발전하기 때문에 지금 대학에 다니는 아이들의 기준을 지금 초등학생들에게 적용할 수도 없다.

부모가 원칙을 세우고 어떤 상황에서든 흔들리지 않고 잘 적용한다면 그것이 정답이다. 예를 들어 하루에 1시간을 하되 자기가 해야 할 일을 모두 끝마쳤을 때 허락한다. 또 그 시간을 지켰을 때와 지키지 않았을 때의 현실적인 규칙을 정하는데, 이때 아이와 서로 합의가 되어야 효과가 있다. 이런 규칙들은 아이와 함께 토론하며 정하고 초등 저학년에서 고학년이 될수록 스스로 조절해 나갈 수 있도록 해야 한다.

명문대에 진학한 많은 아이가 공부하려는 의지가 생기면 휴대폰을 아예 부모님께 맡겨버리거나 끊어버리는 등 단호하게 행동했다. 심지어 거의 중학교 때까지 게임 중독에 가까웠던 아이가 고등학교 때부터 공부하기 시작해 연세대학교에 입학한 사례도 있다.

원칙을 세우되 언젠가는 아이 스스로 조절할 수 있게 하는 것에 목적을 두어야 한다. 언제까지 부모가 통제할 수는 없기 때문이다.

Q

숙제를 자꾸 미루는 아이, 어떻게 해야 할까요?

명문대에 진학한 아이들의 공통점은 자신의 일과를 스스로 계획하고 철저하게 지켰다는 것이다. 이 습관은 대부분 초등학교 때 시행착오를 거쳐 중·고등학교 때 완전히 몸에 밴다. 초등 저학년 때는 아이와 함께 계획을 짜고 서서히 아이 혼자 짤 수 있게 도와주어야 한다.

해야 할 일들을 정하고 우선순위와 시간 순서에 따라 배열해보게 한다. 처음에는 너무 자세히 정하는 것보다는 '영어 숙제하기 – 책 1권 읽기', '운동하기 – 줄넘기 100회' 이렇게 해야 할 일과 양을 쭉 적어두고 순서만 배열해보게 한다. 그러다 점점 하루하루 적어보게 한다.

그날의 할 일을 모두 했을 때는 남은 시간에 충분히 놀게 한다. 그날의 할 일을 지키지 못했을 때는 왜 지키지 못했는지를 생각해보고 수정해보는 과정도 필요하다.

중요한 것은 계획을 세우고 지켜나가는 과정에서 성취감과 자기만족감을 느껴야 한다는 것이다. 해야 할 일을 하고 놀면 마음도 편하다는 경험 또한 중요하다.

Q

자기주도학습을 하게 하려면 어떻게 해야 할까요?

자기주도학습은 아이가 다른 사람의 도움 없이 혼자 한다는 의미가 아니다. 자기주도하에 자기의 학습을 이끌어간다는 의미이다. 그런데 처음부터 누구의 도움도 없이 잘할 수 있는 아이는 거의 없다. 부모는 아이가 주도하는 학습을 할 수 있도록 도와주어야 한다.

학습 동기를 찾게 도와주고 그 이후에 어떻게 공부해야 하는지 알려주어야 한다. 초등 저학년 때는 부모, 학원, 선생님의 도움을 받아 아이가 학습하는 방법을 터득하도록 한다. 고학년이 되면 그동안의 경험을 토대로 아이 스스로 공부할 수 있도록 개입을 줄여나간다.

어떤 아이는 공책에 써야 공부가 잘되고, 어떤 아이는 눈으로만 봐도 공부를 잘한다. 중요한 것은 자기가 어떻게 공부해야 잘되는지, 자기가 모르는 것은 무엇이고 아는 것은 무엇인지를 스스로 깨닫는 것이다. 이것이 진정한 자기주도학습이다.

아이의 진로는
어떻게 찾아주어야 할까요?

A

어린 나이에 세계적으로 성공한 운동선수나 예술가를 보면 '저 사람의 부모는 어떻게 저렇게 어릴 때부터 이끌어주었을까?' 하는 궁금증이 생긴다.

하지만 어릴 때부터 한 분야에 두각을 나타내는 아이는 드물다. 초등학교 때는 너무 아이 진로에 부담을 가질 필요는 없다. 우선 아이가 자기 자신에 대해 잘 알 수 있도록 도와주자. 자신이 좋아하는 것, 잘하는 것이 무엇인지 생각해볼 수 있도록 부모가 자주 물어보면 좋다.

"재미있어서 계속하고 싶은 게 있니?"
"무엇을 할 때 제일 행복하니?"
"무슨 과목을 제일 좋아하니?"
"너는 어떤 모습의 네가 가장 좋니?"

아이에게 생각할 기회를 많이 주는 것이 중요하다. 초등 고학년이 되면 진로에 대해 구체적으로 생각해볼 수 있도록 다양한 정보를 제공하고 함께 이야기 나누어본다.

부모가 '아이가 진로를 왜 생각해야 하는지'를 명확하게 알아야 한다. 동기를 부여하기 위해서인지, 아이가 행복한 일을 찾을 수 있도록 도와주기 위해서

인지 목적을 생각해보자. 그다음에 아이와 자연스럽게 진로 이야기를 한다면 어느새 자신의 미래와 진로를 진지하게 생각하는 아이로 자라 있을 것이다.

공부해야 하는 이유를 어떻게 설명해야 할까요?

A

초등학교 때 아이들이 공부해야 하는 이유를 스스로 깨닫고 공부한다는 것은 현실적으로 어렵다. 본문에서 동기를 유발하는 방법에 대해 자세히 썼기 때문에 여기에서는 자녀를 명문대에 보낸 선배 부모들이 아이가 초등학생일 때 했던 말을 몇 가지 소개하겠다.

"꿈이 없다고 공부하지 않으면 나중에 꿈이 생겼을 때 그 기회를 잡을 수 없어."

"공부를 잘하면 네가 하고 싶은 일을 선택할 수 있어."

"삶에서 부딪히는 문제들을 해결하기 위해 공부는 꼭 필요해. 네가 성장하는 방법이야."

무엇보다도 중요한 것은 부모 자신이 '왜 공부를 해야 하는지'가 명확해야 진심으로 설명할 수 있다는 것이다. 위의 대답들은 훌륭한 모범답안이지만 가장 빛나는 것은 그 속에 담긴 부모의 고민과 진심이다. 부모가 고민하고 낸 진실된 답이어야 아이가 공부의 이유를 물을 때 자신 있게 답할 수 있으리라.

Q

아이가 공부할 마음이 없는데 어떻게 해야 할까요?

공부하기를 좋아하지 않는다고 공부에 재능이 없는 것 같다며 내버려두면 그건 방임이다. 부모는 아이가 공부할 수 있도록 도와주어야 한다. 초등학교 1학년 때 부모의 개입을 100으로 본다면 학년이 올라갈수록 서서히 부모 개입을 줄여가면서 아이가 공부할 수 있도록 이끌어야 한다.

공부하지 않으려는 아이라 하더라도 학교 공부는 꼭 하게 해야 한다. 다른 문제집은 풀리지 않더라도 교과서는 꼼꼼하게 봐주자. 학교 공부가 잘되어 있지 않으면 학습 공백이 생긴다. 그러면 나중에 공부하고 싶은 마음이 들었을 때 학습 공백을 메우는 데 시간이 오래 걸린다. 많은 선배 부모, 대학생, 전문가가 복습을 강조한다. 예습이 어렵다면 복습은 꼭 해서 학습 공백이 없도록 해야 한다.

초등학생 자녀의 부모는 학교 공부에 기준을 두고 외적 동기와 내적 동기를 잘 활용해서 기본은 하게끔 이끌어주자. 그리고 스스로 공부할 때까지 기다려주자. '언젠가는 하겠지' 하고 내버려두면 공부하는 법도, 공부의 즐거움도, 성취감도 모르기 때문에 공부와 점점 멀어질 수밖에 없다.

Q

영어, 수학 선행은 꼭 필요할까요?

A

선행의 양이나 속도는 답이 없다. 어떤 서울대생은 한 학기 정도만 해놓으면 충분하다고 했고, 어떤 서울대생 부모는 중학교 3학년 이전에 고등학교 수준의 수학과 영어를 끝내놓은 것이 잘한 것 같다고 했다. 전혀 선행을 안 했는데 명문대에 간 경우도 있다.

선배 부모와 학생들의 말을 들어보면 영어 유치원부터 시작해서 초등학교 때 고등학교 수준의 영어까지 끝내놓고 초등학교 때 중학교 혹은 고등학교 수학까지 다 해놓는 이유는 고등학교 때 다른 공부와 활동을 할 시간을 벌기 위해서라고 한다. 실제로 대치동에 있는 학원에 다니는 아이들 중에는 초등학교 때 고등학교 과정을 공부하는 아이도 많다.

선행을 무작정 비난할 수도, 동경할 수도 없다. 왜냐하면 답은 아이와 부모 각자에게 있기 때문이다. 초등학교에서 고등학교 수학을 가르치는 선생님의 얘기를 들어보면 선행을 한 아이 중 몇 명은 정말 고등학교 수학을 이해한다고 한다. 또 몇 명은 처음에는 20% 이해하지만 그다음에 설명하면 조금 더 이해하기 때문에 예습하는 차원에서 선행을 시킨다고 한다. 아이가 고등학교 수학까지 가능한 아이라면 선행을 막을 필요는 없다.

또 어떤 부모는 '초등학교 때는 그때만 할 수 있는 다양한 경험이 있는데 공부에 시간을 할애하느라 다른 경험을 못 하는 것은 너무 안타까운 일'이라며 선행을 싫어하기도 한다.

이제 결론을 이야기해보겠다. 명문대에 자녀를 보낸 선배 부모들이 공통적으로 하는 말은 '어느 정도의 선행학습은 필요하다'였다. 우리나라 교육 구조상 수학은 선행을 시키지 않을 수 없다는 의견이 많았다. 수학을 미리 해놓지 않으면 중 · 고등학교 때 수학 공부에 시간을 뺏겨 다른 공부를 할 수 없기 때문이다. 시간이 있는 초등학교 때 수학은 기본적으로 한 학기, 가능하다면 그 이상 선행하는 것이 도움이 된다.

초등학교 때 영어는 '영어로 다양한 지적 체험을 하게 하여 세상이 넓어짐을 깨닫게 하는 것'을 목표로 선행한다. 초등학교 때는 영어 동화책 읽기와 화상영어나 원어민 영어 등으로 영어를 접하면 좋다. 특히 교과과정에 있는 영어는 현실과 동떨어져 있을 만큼 쉽기 때문에 현행학습만 하는 것이 어려운 것이 사실이다.

하지만 모든 아이가 선행을 할 수 있는 것은 아니다. 선행에 급급해서 이해도 못했는데 지나가버리면 구멍이 생겨 오히려 안 한 것보다 못하다. 현행학습이 제대로 된 후에 선행학습을 하는 것이 좋다. 선행학습의 양이나 속도에 대한 정답은 '아이가 이해할 수 있는 만큼'이다.

부모의 가치관에 따라 큰 차이가 있겠지만 선행을 통해 얻는 것보다 잃는 것이 더 많으면 과감하게 포기하자. 선행을 통해 얻는 것이 더 많다고 생각하면 아이에게 맞는 범위 안에서 선행을 하자.

Q

좋은 학원은 어떻게 골라야 할까요?

A

아이가 학원을 오래 다녔는데도 별로 실력이 나아지는 것 같지 않으면 조바심이 난다. 더 좋은 학원이 있는 것은 아닐까, 다른 아이들은 어떤 학원에 다니는지 궁금해진다. 좋은 학원을 찾아 다니기 편하게 근처로 이사하는 것도 비일비재한 일이다.

아이가 학원에 가서 배우고 얼마나 자기 것으로 만드느냐에 따라 좋은 학원인지 아닌지가 결정된다. 보통 초등 저학년 때보다 초등 고학년 때부터 학원에 대해 고민하게 될 텐데, 좋은 학원의 기준은 뻔한 대답이긴 하지만 아이에게 있다. 과외든 학원이든 아이의 실력을 향상시킬 수 있는 곳, 아이와 잘 맞는 곳이 가장 좋은 학원이다. 어떤 아이는 큰 학원에서 친구들과 함께 체계적인 시스템으로 배우고 성장해나가는 것이 잘 맞고, 어떤 아이는 선생님 한 명이 꼼꼼하게 가르쳐주는 것이 잘 맞을 수 있다.

짧은 시간에 그 학원이 좋은지 아닌지 알 수 없으므로 적어도 3개월 이상은 보내보고 판단하는 것이 좋다. 아이가 능동적인 자세로 학원을 이용해서 학습 실력을 높일 수 있도록 해야 한다. 그 후에 아이가 학원에 대해 '고마운 마음'이 생기는지, 별로 그런 마음이 들지 않는지 물어보는 것도 방법이다. 아직 어린데 그런 것을 느낄까 싶겠지만 인지적인 재미를 아는 아이라면 충분히 좋아하고 감사함을 느낀다. 선생님이 얼마나 꼼꼼하게 봐주고, 아이의 실력향상에 관심이 있는가도 중요한 요소이다. 작은 학원이라도 아이의 실력을 향상시킬 수 있다면 그 학원이 가장 좋은 학원이다.

입시나 교육에 정답은 없다. 아이가 어떻게 받아들이느냐를 기준으로 잡아야 한다. 아이가 커서 중학생쯤 되면 친구들과 정보를 교환해 학원을 알아보기도 한다. 다만 학원은 하라는 대로 하는 곳이 아니라 자신이 선택하고 이용하는 곳이라는 생각으로 접근해야 한다.

Q

아이가 책을 잘 읽게 하는 효과적인 독서법이 있을까요?

A

자녀를 명문대에 보낸 부모들이 가장 잘했다고 생각하는 것으로 독서를 꼽는다. 독서가 많은 부분에서 큰 도움을 주었기 때문이다. 아이가 책을 잘 읽게 하는 방법으로 가장 좋은 방법은 '부모가 책 읽는 모습을 보이는 것'을 꼽았다. 부모가 책을 읽고 있으면 아이도 자연스레 따라 읽게 된다.

부모는 아이가 다양한 책을 읽을 수 있도록 도와주어야 한다. 서점에 가면 아이가 고르는 책 한 권, 부모가 고르는 책 한 권 등의 규칙을 만들어 반드시 부모가 권해주는 책도 읽도록 하여 다양한 분야의 책을 접해볼 수 있도록 한다.

책이 필요한 순간에 책을 읽도록 하는 것도 방법이다. 곤충에 대해 궁금해할 때, 인물에 대해 궁금해할 때 휴대폰 검색보다 책을 찾아보게 한다. 그러면서 책의 좋은 점을 아이 스스로 깨닫게 하는 것이다. 재미있는 영화를 봤다면 원작을 읽어보라고 권해 책과 생활을 연결해도 좋다.

첫 번째로 기억해야 할 것은 '책 읽기'가 부담이 되게 해서는 안 된다는 것이다. 책을 100% 이해하는 것에 목표를 두고 읽으면 다 읽기도 전에 부담을 느낄 수 있다. 책을 읽기 전과 읽고 난 후에 아이가 어떤 점이 달라졌고, 새로 알게 되고 생각하게 된 것이 무엇인지에 목표를 두어야 한다. 어른도 책을 읽고 100% 제대로 이해하는 경우는 거의 없으면서 아이에게 '전부 다, 제대로 읽었는지'를 궁금해해서야 되겠는가.

두 번째로 기억해야 할 것은 독서량에 집착하면 안 된다는 것이다. 책을 많이 읽어야 한다는 생각도 내려놓는 것이 좋다. 다양한 분야의 책을 골고루 읽는 것이 중요하다. 아이가 접하지 못한 분야의 책을 권해주는 것이 부모의 할 일이다.

부모가 책을 의무로 생각하지 않고 즐거움으로 생각한다면 아이도 즐거운 마음으로 책을 좋아하게 될 것이다.

Q

여행이나 체험학습은 어떤 기준으로 해주어야 할까요?

사실 여행이나 체험은 아이가 즐겁고 행복한 추억을 만들면 그것으로 그 기능을 다 했다고 생각한다. 하지만 보다 더 의미 있는 시간으로 만들고 싶어 하는 부모를 위해 한마디 덧붙이자면, 책이 간접경험이라면 여행이나 체험학습은 직접경험이라고 생각하고 접근하라는 것이다.

여행과 체험학습에서 가장 중요한 것은 두 가지이다. 첫째, 체계적으로 경험할 수 있게 도와주는 것이다. 의미가 있는 장소를 선택하고 목적을 가지고 방문하도록 한다. 예를 들어 그냥 집 앞 카페를 가더라도 아이가 새로운 것을 생각하고 느낄 수 있도록 주제를 정하고 이야기 나눈다. 이전에 갔던 카페와 비교해보는 것만으로도 새로운 체험학습이 될 수 있다. 여행, 박물관, 전시관을 방문하더라도 마찬가지이다. 교과서에 나오는 곳, 책에서 본 곳 등의 더 체계적인 주제를 정하는 것도 좋은 방법이다.

둘째, 가족 간의 소통이다. 어디를 가든 이 기회를 통해서 가족과 대화할 수 있는 주제가 늘어나고 친목을 도모할 수 있다는 사실을 기억하자.

Q

초등학교 때 예체능 교육을 꼭 시켜야 할까요?

초등학교 때 예체능 교육이 필수라고 하는 이유는 스펀지처럼 잘 흡수해서 학습에 쏟는 시간이 비교적 적게 들기 때문이다. 또 이때 배운 예체능은 평생 몸에 남는다. '1년 이상, 6개월 이상 등의 시간' 혹은 '어느 정도까지 마스터하기'를 기준으로 다니되 즐겁게 다닐 수 있도록 한다.

예체능 활동은 중·고등학교에 가서도 아이들에게 힘을 줄 수 있다. 실제로 명문대생들이 어렸을 때부터 한 가지 이상의 악기, 미술, 운동 등의 취미활동을 하고 있다. 이는 삶의 에너지원이 된다. 활동적이고 자기 삶에 적극적인 학생들은 쉬면서 에너지를 얻기보다 활동을 통해 에너지를 얻는 경우가 많다. 공부에 지치면 악기연주를 통해 힐링하고, 다시 공부해서 능률을 올리는 식이다. 지나친 휴식은 무기력을 가져오지만 적당한 활동은 활력을 준다.

Q

아이의 친구관계에 어느 정도 개입해야 할까요?

A

초등학교 때는 친구를 경쟁상대로 여기지 않지만, 중고등학교 때는 친구를 경쟁상대로 여길 수 있다. 친구는 경쟁관계가 아니라 협력관계라는 이야기를 자주 나누면 좋다.

초등학교 저학년 때는 부모가 친하면 친구들이 자주 모일 수 있으니까 조금 도움은 되지만 사실 이것도 아이들끼리 성향이 잘 맞아야 하므로 직접적인 도움이 되지는 않는다. 부모가 아이들을 자주 만나게 해주는 것은 기회를 만들어 주는 것뿐 친구관계에 큰 영향을 미치지는 않으니 부담을 느낄 필요는 없다.

본격적으로 아이가 친구를 사귀고 관계를 유지하는 것은 4학년 이후라고 보면 된다. 이때부터는 스스로 자기와 맞는 친구를 만나 관계를 유지하는데, 이때 부모는 개입하기보다 항상 이야기를 들어주는 것이 좋다. 아이 입장과 객관적인 입장을 적절히 유지하며 경청해주고 공감과 조언을 해주는 것이 가장 중요하다.

친구관계에 문제가 생겼을 때는 아이에게 그 친구관계를 너무 심각하게 생각하지 말라고 이야기해주자. 그 친구관계가 평생 갈지 안 갈지는 아무도 모른다. 대신 그 친구관계에서 배운 것은 나중에 도움이 되니까 회복할 수 있다면 최선을 다하고, 그래도 그 친구관계가 나아지지 않으면 할 수 없는 거라고 말해주자.

초등학교 때 사귀는 이성친구는 친구관계 이상으로 보기보다는 '성별이 다른 친구'라고 생각하고 지켜보는 것만으로도 충분하다. 부모의 가치관에 따라서는 절대 안 된다고 말하는 이도 있다. 그런데 아이가 원할 때 자연스럽게 의견을 말하는 방향으로 접근해야지, 능동적인 개입은 오히려 반감을 살 수 있으니 주의하자.

다가올 사춘기를 위해 초등학교 때 무엇을 해야 할까요?

A

가장 중요한 것은 소통이다. 부모가 대화가 안 되고, 자신의 말을 잘 들어주지 않는다고 생각하면 입을 닫아버리고 문을 잠가버리는 것이 사춘기의 가장 큰 특징이다. 이 관계가 지속이 되면 싸우는 것보다 더 안 좋은 방향으로 가게 된다. 그렇게 되지 않기 위해서는 아이의 말을 잘 들어주는 것이 가장 중요하다.

식사시간에 대화를 나누거나 따로 카페에 가서 이야기를 나누는 것도 좋은 방법이다. SNS의 DM 등 아이 눈높이에 맞추어 소통하고 이모티콘, 기프티콘 등의 선물을 주는 등의 노력도 필요하다.

만약 아이와 싸우게 되었다면 잘못이 있을 때는 사과하고 오해가 있다면 푸는 일을 적극적으로 해야 한다. '이 또한 지나가리라' 하고 여유 있는 마음으로 대하자. 무슨 사춘기가 초등 고학년부터 고3까지 가냐며 푸념하는 부모도 있다. 아이와의 관계를 위해 노력한다면 그 마음을 알아주는 날이 반드시 올 것이다.

부모가 받는 스트레스는 어떻게 관리해야 할까요?

A

부모의 스트레스가 심하면 자녀를 기르는 데 독이 될 수 있다. 스트레스를 관리하는 데 도움이 되는 몇 가지를 소개한다.

첫째는 이 모든 것이 다 지나간다는 것이다. 초등학생 시절에 대한 설문을 작성하면서 아이들의 어린 시절을 떠올릴 수 있어서 행복했다는 선배 부모가 있었다. 아이들은 있는 그대로 예쁘다. 힘이 들 때는 이 모든 게 과정이라고 생각하자. 그러면 마음이 조금 편안해질 것이다.

둘째는 멀리 떨어져서 아이를 보라는 것이다. 다른 사람의 아이 이야기를 들을 때는 괜찮은데, 내 아이 일이 되면 그렇게 생각하기가 힘들다. 내 아이 일이라도 다른 사람 아이라고 생각하고 조금 객관적으로 볼 필요가 있다. 그러면 문제의 해결점이 훨씬 잘 보인다.

셋째는 부모도 자신만의 취미 혹은 일을 가지라는 것이다. 자신을 위한 시간을 가지면 오히려 온종일 아이 스케줄에 맞추었을 때보다 아이와의 관계가 원만해진다. 부모 자신을 위한 시간을 꼭 가지기를 바란다.

참고문헌

도서

- 강혜진 지음,《국어 1등급은 이렇게 공부한다》, 메이트북스, 2019년.
- 고재학 지음,《부모라면 유대인처럼》, 위즈덤 하우스, 2010년.
- 김지영 지음,《다섯 가지 미래 교육 코드》, 소울하우스, 2017년.
- 김지영 지음,《미래 교육을 멘토링하다》, 소울하우스, 2020년.
- 김혜영 · 장광원 지음,《서울대 합격생 엄마표 공부법》, 이화북스, 2020년.
- 로널드 F. 퍼거슨·타샤 로버트슨 지음, 정미나 옮김,《하버드 부모들은 어떻게 키웠을까》, 웅진지식하우스, 2019년.
- 리사 손 지음,《메타인지 학습법》, 21세기북스, 2019년.
- 박원주 지음,《우리 아이 인서울 대학 보내기》, 성안당, 2020년.
- 박혜란 지음,《믿는 만큼 자라는 아이들》, 나무를심는사람들, 2019년.
- 손소영·이경현 지음,《아이 마음 읽는 엄마, 교육 정보 읽는 엄마》, 리프레시, 2020년.
- 심정섭 지음,《학력은 가정에서 자란다》, 진서원, 2020년.
- 아마노 히카리 지음, 김현영 옮김,《아이의 두뇌는 부부의 대화 속에서 자란다》, 센시오, 2020년.

- 양현 · 김영조 · 최우정 지음, 《서울대 합격생 100인의 노트 정리법》, 다산에듀, 2020년.
- 양현 · 이현지 지음, 《서울대 합격생 100인의 학생부종합전형》, 다산에듀, 2016년.
- 유효숙 지음, 《아이들은 자존감이 먼저다》, 생각수레, 2020년.
- 이상준 지음, 《이타적 자존감 수업》, 다산에듀, 2020년.
- 이은경 지음, 《초등 매일 공부의 힘》, 가나출판사, 2019년.
- 이진혁 지음, 《초등 집공부의 힘》, 카시오페아, 2020년.
- 이혜정 지음, 《서울대에서는 누가 A+를 받는가》, 다산에듀, 2014년.
- 임작가 지음, 《완전학습 바이블》, 다산에듀, 2020년.
- 장병희 외 9인 지음, 《특목고, 명문대 보낸 엄마들의 자녀교육》, 맹모지교, 2006년.
- 정재영 · 이서진 지음, 《말투를 바꿨더니 아이가 공부를 시작합니다》, 알에이치코리아, 2020년.
- 조세핀 킴 · 김경일 지음, 《0.1%의 비밀》, EBS BOOKS, 2020년.
- 진동섭 지음, 《입시설계, 초등부터 시작하라》, 포르체, 2020년.
- 최승필 지음, 《공부머리 독서법》, 책구루, 2018년.
- 최효찬 지음, 《5백년 명문가의 자녀교육》, 예담, 2005년.
- 최효찬 지음, 《세계 명문가의 독서교육》, 위즈덤하우스, 2015년.
- 허선화 지음, 《믿는 대로 말하는 대로 크는 아이》, 소울하우스, 2017년.

영상

- EBS다큐프라임 〈학교란 무엇인가 8편: 상위 0.1%의 비밀〉
- SBS스페셜 〈혼공코드: 당신의 아이도 혼자 공부할 수 있습니다〉
- SBS스페셜 〈성적 급상승! 커브의 비밀〉

명문대 학생들이 어릴 때부터 집에서 해온 것

초판 1쇄 발행 2021년 7월 19일

지은이 김혜경
펴낸이 정덕식, 김재현
펴낸곳 (주)센시오

출판등록 2009년 10월 14일 제300-2009-126호
주소 서울특별시 마포구 성암로 189, 1711호
전화 02-734-0981
팩스 02-333-0081
전자우편 sensio0981@gmail.com

기획 · 편집 심보경, 백상웅 **외부편집** 하진수
마케팅 허성권 **경영지원** 김미라
본문디자인 아울미디어 **표지디자인** 섬세한 곰

ISBN 979-11-6657-027-8 03590